나합격
가스기능사
실기 X 무료특강

실기

나만의 합격비법
나합격은 다르다!

나합격 독자만을 위한
무료 동영상강의

공부가 어려우신가요?
합격을 위한 모든 동영상 강의를 무료로 시청할 수 있습니다.
지금 바로 나합격 쌤을 만나보세요.

오리엔테이션 > 이론 특강 > 기출 특강

모든 시험정보가 한곳에!
나합격 수험생지원센터

이제 혼자서 공부하지 마세요.
합격후기, 시험정보, Q&A 등 나합격 독자분들을 위한
다양한 서비스를 네이버 카페를 통해 지원받을 수 있습니다.

시험자료 > 질의응답 > 합격후기

본서의 정오사항은 상시 업데이트 해드리고 있습니다.
정오표 확인 및 오류문의는 네이버 카페를 이용해 주세요.

나합격 교재인증 & 무료 동영상 수강방법

① 나합격 카페 가입하기

공부하는 자격증에 해당하는 카페에 가입합니다.

바로가기

https://cafe.naver.com/napass4 search

② 교재인증페이지에 닉네임 작성

교재 맨 뒤페이지의 교재인증페이지에
가입하신 카페 닉네임을 지워지지 않는 펜으로 작성합니다.

③ 교재인증페이지 촬영하기

교재인증페이지 전체가 나오게 촬영합니다.
중고도서 및 보정의 여지가 보일 경우 등업이 불가합니다.

④ 나합격 카페에 게시물 작성하기

등업게시판에 촬영한 이미지를 업로드합니다.
카페 관리자가 확인 후 등업이 진행됩니다.

⑤ 무료 동영상 시청하기

카페 등업이 완료된 후 해당 카페에서 무료 동영상 시청이 가능합니다.

NOTICE

교재인증 및 무료 강의 수강 방법에 대한 자세한 설명을
QR코드를 찍어 영상으로 확인해보세요!

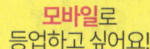
모바일로
등업하고 싶어요!

PC로
등업하고 싶어요!

시험접수부터 자격증발급까지 응시절차

01
시험일정 & 응시자격조건 확인

- 큐넷 **시험일정 안내**에서 응시 종목의 접수기간과 시험일을 확인합니다.
- 큐넷 **자격정보**에서 응시 종목의 자격조건을 확인합니다(기능사 제외).

04
필기시험 합격자 발표

- 인터넷, ARS 또는 접수한 지사에서 공고됩니다.
- CBT의 경우 큐넷 **합격자 발표 조회**에서 바로 확인이 가능합니다.

www.Q-net.or.kr   **큐넷**은 한국산업인력공단에서 운영하는 국가 자격증 포털 사이트입니다.

02 필기시험 원서접수

- 큐넷 www.Q-net.or.kr 에 로그인합니다.
  (회원가입 시 반명함판 사진 등록 필수)
- 큐넷 원서접수에서 신청 순서에 따라 접수하면 됩니다.
- 시험일자 및 장소는 현재접수 가능인원을 반드시 확인 후 선택해야 합니다.
- 결제하기에서 검정수수료 확인 후 결제를 진행합니다.

03 필기시험 응시 및 유의사항

- 신분증은 반드시 지참해야 하며, 기타 준비물은 큐넷 수험자 준비물에서 확인하시면 됩니다.
- 시험시간 20분 전부터 입실이 가능합니다.
  (시험시간 미준수 시 시험 응시 불가)

05 실기시험 원서접수

- 인터넷 접수 www.Q-net.or.kr만 가능하며, 필기시험 합격자에 한하여 실기접수기간에 접수합니다.
- 최종합격여부는 큐넷 홈페이지를 통해 확인 가능합니다.

06 자격증 신청 및 수령

- 큐넷 자격증 발급 신청에서 상장형, 수첩형 자격증 선택
- 상장형 무료 / 수첩형 수수료 6,110원

콕!찝어~ 꼭!필요한 가스기능사 오리엔테이션

가스기능사 시험은?

경제성장과 더불어 산업체로부터 가정에 이르기까지 수요가 증가하고 있는 가스류 제품은 인화성과 폭발성이 있는 에너지 자원이다. 이에 따라 고압가스와 관련된 생산, 공정, 시설, 기수의 안전 관례에 대한 제도적 개편과 기능 인력을 양성하기 위한 국가기술자격증입니다.

시험과목(필기)
1. 가스특성활용
2. 가스시설유지관리
3. 가스사고 예방·관리
4. 가스법령활용

검정방법
[필기] 전과목혼합, 객관식 60문항(60분)
[실기] 복합형[필답형(1시간)+동영상(1시간)]

합격기준
[필기·실기] 100점 만점에 60점 이상

가스기능사 출제기준 안내

변경 전(~ 2024년)	변경 후(2025년 ~)
가스 실무	가스 안전 실무

2025년 가스기능사 출제기준의 주요항목이나 세부사항이 일부 변경되었습니다.
이에 신출문제가 출제될 가능성이 높기 때문에 이론 위주의 학습을 권장합니다.

실기시험에서 꼭 필요한 숙지사항은?

01 필답형은 풀이과정 및 정답이 공개되지 않는다. 계산과정이 있는 문제는 식을 명확히 작성하여야 하며 서술형의 경우 핵심이 되는 단어, 용어를 포함한 문장이 작성되어야 한다.

02 동영상은 영상이 공개되지 않으므로 교재는 복원된 답을 토대로 이미지로 제작을 하였으며 실제 시험 동영상과는 다를 수 있음을 감안하고 가스의 분류, 장치의 명칭, 기능 등을 숙지하여야 한다.

필답형 시험을 대비하여 기출문제를 풀어보고 가스의 분류(분자량, 연소성·독성에 따른 분류 등등)에 대해 충분히 숙지를 하고 계산문제도 필수로 2~4 문제 출제가 되므로 관련 공식에 대하여 숙지하여야 한다. 50문제 중 20점 이상을 목표로 한다.

작업형(동영상) 시험은 기출문제에서 출제되는 경향이 많으므로 동영상에서 40점 이상을 받을 수 있도록 한다. 단순히 장치의 명칭, 기능만 숙지하지 말고 전체적인 흐름을 공부하게 되면 실제 시험에서 동영상을 플레이해서 보았을 때 장치의 부착 위치를 보고 답을 작성할 수도 있다.

실기 시험기간 중 첫 번째 주말에 필답형을 먼저 응시하고 그 다음주에 동영상 시험을 응시하는 형태로 시험이 변경되었으므로 필답 시험에 비중을 두고 공부하여 필답 시험을 응시하고 나서 동영상 시험에 집중하여 공부하는 것도 전략이 될 수 있다.

개념잡는 핵심이론 나합격만의 본문구성

NEW DESIGN

나합격만의 아이덴티티를 강조한 새로운 디자인과 함께 최신 출제경향을 완벽히 반영한 최신 개정판입니다.

본문의 이론을 유기적인 보충설명을 통해 지루하지 않고 탄탄하게 흡수하도록 구성했습니다.

NEW DESIGN

주요공식 강조
계산식이 많은 가스기능사 실기 학습의 편의성을 높였습니다.

필수암기 공식정리
출제빈도가 높은 계산문제의 공식을 정리한 구성

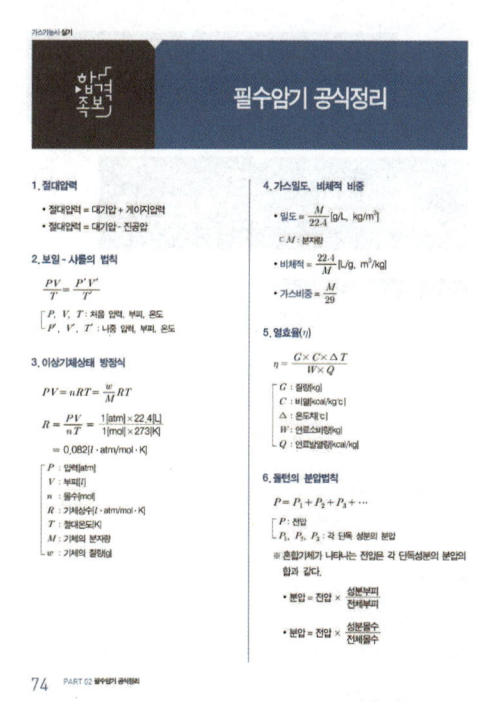

이론공부를 하면서 문제 유형을 함께 익힐 수 있는 기출문제 예제를 배치하여 학습의 효율성을 높이도록 하였습니다.

가스기능사 실기 계산문제를 풀기 위해서는 공식 암기가 필수입니다. 시험에 나오는 주요 공식들을 한 눈에 볼 수 있어서 더 효율적인 학습을 할 수 있습니다.

유형별 기출문제 & 종합문제 200선

유형별 기출 예상문제
- 이론문제 188제
- 계산문제 30제

회독 표기를 통한 약점 보완

해설을 안 보고 풀 수 있는 문제 O
해설을 보면 풀 수 있는 문제 △
해설을 봐도 잘 모르는 문제 X

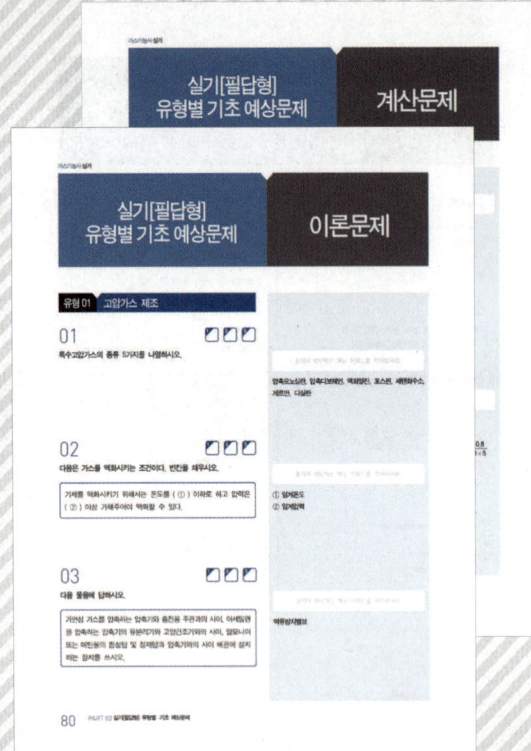

문제 유형 파악(이론문제 & 계산문제)

가스기능사 실기의 기초적인 문제 유형을 파악하기 위해 유형별로 문제를 구성했습니다. 이론문제와 계산문제를 구분하여 본인의 약점이 되는 과목을 파악해 보세요.

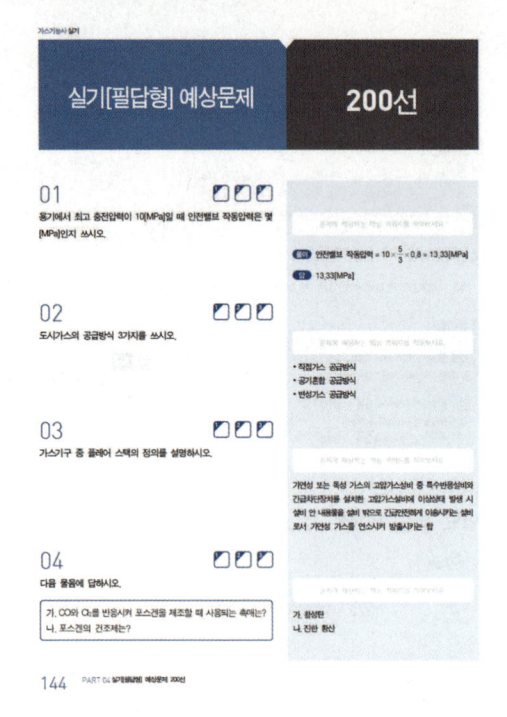

필답형 예상문제

다양한 문제 유형에 대비하기 위해 구성된 예상문제 200선입니다.

시험의 흐름을 잡는 가스기능사 필답형 & 작업형

가스기능사
필답형 기출문제

가스기능사
작업형 기출문제

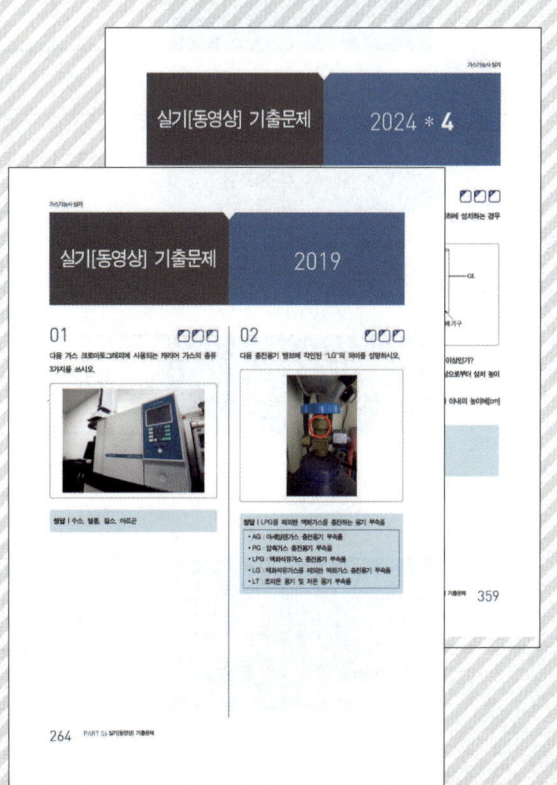

최신 기출문제를 풀어보면서 실전 감각을 키울 수 있습니다. 자신의 실력을 정확히 파악하고 약점을 극복해 보세요.

작업형(동영상) 기출문제는 동영상에서 보여지는 것이 어떤 것인지 정확히 파악하는 것이 중요합니다. 생생하게 복원된 실사를 통해 문제를 공략해 보세요.

SELF-STUDY PLANNER

시험 당일까지 공부일정 및 계획을 짜는 것은 매우 중요합니다.
셀프스터디 합격 플래너를 통해 스스로의 합격을 만들어 보세요.

나의 목표		시험일
		/

			Study Day	Check
PART 01 가스실무 기초이론	가스실무 기초이론	018	/	

			Study Day	Check
PART 02 필수암기 공식정리	필수암기 공식정리	074	/	

			Study Day	Check
PART 03 실기[필답형] 유형별 기초 예상문제	실기[필답형] 유형별 기초 예상문제	080	/	

			Study Day	Check
PART 04 실기[필답형] 예상문제 200선	실기[필답형] 예상문제 200선	144	/	

			Study Day	Check
PART 05 실기[필답형] 기출문제	2021년 1회 실기[필답형] 기출문제	200	/	
	2021년 2회 실기[필답형] 기출문제	203	/	
	2021년 3회 실기[필답형] 기출문제	206	/	
	2021년 4회 실기[필답형] 기출문제	210	/	
	2022년 1회 실기[필답형] 기출문제	213	/	
	2022년 2회 실기[필답형] 기출문제	217	/	
	2022년 3회 실기[필답형] 기출문제	221	/	
	2022년 4회 실기[필답형] 기출문제	225	/	
	2023년 1회 실기[필답형] 기출문제	229	/	
	2023년 2회 실기[필답형] 기출문제	232	/	
	2023년 3회 실기[필답형] 기출문제	236	/	
	2023년 4회 실기[필답형] 기출문제	240	/	

		Study Day	Check
PART 05 실기[필답형] 기출문제	2024년 1회 실기[필답형] 기출문제 244	/	
	2024년 2회 실기[필답형] 기출문제 248	/	
	2024년 3회 실기[필답형] 기출문제 252	/	
	2024년 4회 실기[필답형] 기출문제 257	/	

		Study Day	Check
PART 06 실기[동영상] 기출문제	2019년 실기[동영상] 기출문제 264	/	
	2020년 실기[동영상] 기출문제 279	/	
	2021년 1회 실기[동영상] 기출문제 291	/	
	2021년 2회 실기[동영상] 기출문제 295	/	
	2021년 3회 실기[동영상] 기출문제 300	/	
	2021년 4회 실기[동영상] 기출문제 306	/	
	2022년 1회 실기[동영상] 기출문제 310	/	
	2022년 2회 실기[동영상] 기출문제 314	/	
	2022년 3회 실기[동영상] 기출문제 318	/	
	2022년 4회 실기[동영상] 기출문제 322	/	

		Study Day	Check
PART 06 **실기[동영상] 기출문제**	2023년 1회 실기[동영상] 기출문제 328	/	
	2023년 2회 실기[동영상] 기출문제 332	/	
	2023년 3회 실기[동영상] 기출문제 337	/	
	2023년 4회 실기[동영상] 기출문제 342	/	
	2024년 1회 실기[동영상] 기출문제 347	/	
	2024년 2회 실기[동영상] 기출문제 351	/	
	2024년 3회 실기[동영상] 기출문제 355	/	
	2024년 4회 실기[동영상] 기출문제 359	/	

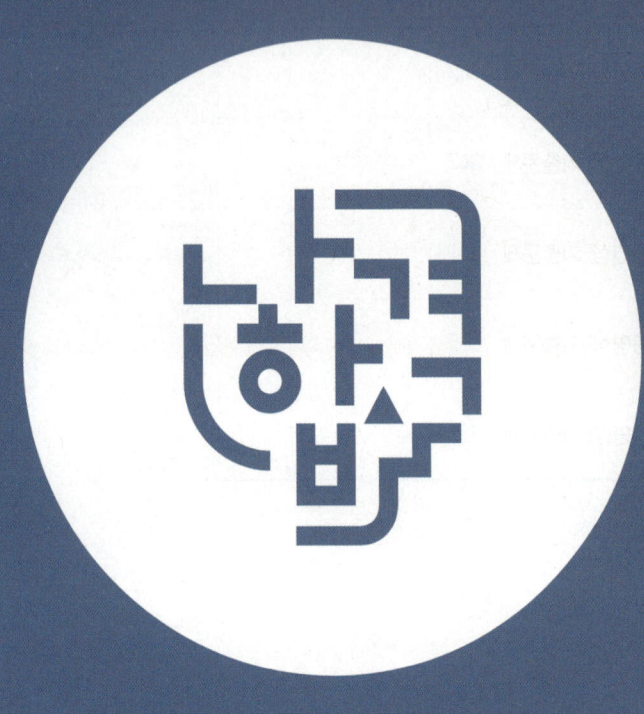

PART 01

가스안전실무 기초이론

01 가스안전실무 기초이론

CHAPTER 01
가스안전실무 기초이론

01 상태에 따른 분류

1. 압축가스

비등점이 낮거나 임계온도가 낮아 상온에서 압축하여도 액화되지 않는 가스로 그대로 압축되어 있는 것
- 수소(H_2), 산소(O_2), 일산화탄소(CO), 메탄(CH_4) 등

2. 액화가스

상온에서 압력을 가하면 액체 상태로 쉽게 액화하는 가스
- 프로판(C_3H_8), 부탄(C_4H_{10}), 염소(Cl_2), 암모니아(NH_3), 이산화탄소(CO_2), 시안화수소(HCN) 등

3. 용해가스

아세틸렌(C_2H_2) 등과 같이 용제 속에 가스를 용해시킨 가스

기출문제

( )에 들어갈 말을 순서대로 쓰시오. [2022년 3회 5번]

> 액화가스란 가압(加壓) 또는 ( ) 등의 방법에 의하여 액체 상태로 되어 있는 것으로서 대기압에서의 끓는점이 섭씨 40도 이하 또는 ( ) 이하인 것을 말한다.

정답 : 냉각, 사용온도

02 연소성에 따른 분류

1. 가연성 가스

폭발한계 하한이 10[%] 이하인 것과 폭발한계 상한과 하한의 차이가 20[%] 이상의 연소가 가능한 가스
- 아세틸렌(C_2H_2), 프로판(C_3H_8), 부탄(C_4H_{10}), 일산화탄소(CO), 메탄(CH_4), 수소(H_2) 등

2. 조연성 가스

지연성 가스라고도 하며 자신은 연소하지 않고 다른 가연성 가스의 연소를 도와주는 가스
- 산소(O_2), 오존(O_3), 염소(Cl_2), 불소(F_2), 산화질소(NO) 등

3. 불연성 가스

연소가 불가능한 가스로서 장치에서 가스의 치환(Purge)용으로 사용
- 질소(N_2), 이산화탄소(CO_2), 아르곤(Ar), 헬륨(He), 네온(Ne) 등

03 독성에 의한 분류

1. 독성가스

허용농도가 5,000[ppm] 이하의 가스를 말한다.
- 일산화탄소(CO), 염소(Cl_2), 불소(F_2), 암모니아(NH_3), 시안화수소(HCN) 등

2. 비독성가스

독성가스를 제외한 독성이 없는 가스
- 수소(H_2), 산소(O_2), 질소(N_2), 이산화탄소(CO_2) 등

기출문제

다음은 독성가스에 대한 내용이다. 빈칸을 채우시오.

[2023년 1회 6번]

독성가스란 성숙한 흰쥐 집단을 대기 중에서 1시간 동안 계속하여 노출시킨 경우 14일 이내에 그 흰쥐 집단의 (가) 이상이 죽게 되는 가스 농도를 말한다. 허용농도가 100만분의 (나) 이하인 것을 말한다.

정답 : 가. 2분의 1
        나. 5,000

04 압력(Pressure)

1. 표준 대기압[atm]

1기압은 위도 45°의 해면에서 0[℃], 760[mmHg]가 매 [cm^2]에 주는 힘

$$1[atm] = 1.0332[kg/cm^2] = 760[mmHg] = 10.33[mH_2O]$$
$$= 1.01325[bar] = 1,013.25[mbar] = 101,325[N/m^2]$$
$$= 101,325[Pa] = 14.7[lb/in^2] = 101.325[kPa]$$

2. 게이지 압력

표준 대기압을 0으로 하여 측정한 압력, 즉 압력계가 표시하는 압력

3. 절대압력

완전 진공을 0으로 하여 측정한 압력

※ 단위 : [kg/cm^{2}abs], [lb/in^{2}abs]

① 절대압력 = 게이지 압력 + 대기압
② 절대압력 = 대기압 - 진공압
③ 게이지 압력 = 절대압력 - 대기압

기출문제

다음은 절대압력 계산식이다. ( )에 알맞은 기호를 쓰시오.
[2021년 2회 3번]

가. 절대압력 = 대기압 ( ) 게이지 압력
나. 절대압력 = 대기압 ( ) 진공압

정답 : 가. +
　　　 나. -

05 밀도, 비중, 비체적

1. 가스밀도

$$\frac{분자량}{22.4} = 기체밀도[kg/m^3]$$

2. 가스비중

$$\frac{기체\ 분자량}{공기의\ 평균\ 분자량(29)} = 기체비중$$

3. 비체적

$$\frac{22.4}{분자량} = 기체\ 비체적[m^3/kg]$$

4. 이상기체 상태방정식

온도, 압력, 부피와의 관계를 나타내는 방정식

- 1[mol]인 경우 : $PV = RT$
- n[mol]인 경우 : $PV = nRT$

$$PV = \frac{W}{M}RT, \quad n = \frac{W}{M}$$

- P : 압력[atm]
- V : 체적/부피[L]
- T : 절대온도[K]
- W : 무게[g, kg]
- R : 기체상수 – 기체 1[mol]의 경우
  $R = \frac{PV}{T}$ 로 0[℃], 1기압일 때 모든 기체는 22.4[L]의 체적을 가지므로 $\frac{1 \times 22.4}{273}$
  $= 0.082[L \cdot atm/K \cdot mol]$이 된다.
- M : 분자량[g/mol], [kg/kmol]

5. 이상기체 상수 R의 값

$R = 0.082[atm \cdot L/mol \cdot K] = 82.05[atm \cdot mL/mol \cdot K]$
$= 1.987[cal/mol \cdot K] = 8.314[J/mol \cdot K] = 8.314 \times 10^7[erg/mol \cdot K]$

기출문제

다음 보기를 보고 물음에 답하시오.

[2023년 1회 7번]

> 산소, 질소, 이산화탄소, 일산화탄소, 황화수소, 불소, 염소, 수소

가. 밀도가 가장 큰 가스는 무엇인가?
나. 밀도가 가장 작은 가스는 무엇인가?
다. 가연성 가스는 무엇인가?
라. 불연성 가스는 무엇인가?
마. 냄새로 구분할 수 있는 가스는 무엇인가?
바. 색깔로 구별할 수 있는 가스는 무엇인가?

정답:
가. 염소
나. 수소
다. 일산화탄소, 황화수소, 수소
라. 질소, 이산화탄소
마. 황화수소, 불소, 염소
바. 불소, 염소

06 분압

$$\text{전압} \times \frac{\text{성분 몰수}}{\text{전몰수}} = \text{전압} \times \frac{\text{성분 부피}}{\text{전부피}} = \text{전압} \times \frac{\text{성분 분자수}}{\text{전분자수}}$$

$$\text{전압}(P) = \frac{P_1 V_1 + P_2 V_2}{V(\text{전부피})} \quad \begin{bmatrix} P_1,\ P_2 : \text{분압} \\ V_1,\ V_2 : \text{성분 부피} \end{bmatrix}$$

07 혼합가스의 확산속도(그레이엄의 법칙)

일정한 온도에서 기체의 확산속도는 기체의 분자량의 제곱근에 반비례한다.

$$\frac{U_B}{U_A} = \sqrt{\frac{M_A}{M_B}} = \frac{t_A}{t_B} \quad \begin{bmatrix} U_A,\ U_B : A,\ B \text{ 기체의 확산속도} \\ M_A,\ M_B : A,\ B \text{ 기체의 분자량} \\ t_A,\ t_B : A,\ B \text{ 기체의 확산시간} \end{bmatrix}$$

08 폭발한계 계산(르 샤틀리에의 법칙)

폭발성 혼합가스의 폭발한계를 계산할 때 이용한다.

$$\frac{100}{L} = \frac{V_1}{L_1} + \frac{V_2}{L_2} + \frac{V_3}{L_3} + \cdots \quad \begin{bmatrix} L : \text{혼합가스의 폭발한계치} \\ V_1,\ V_2,\ V_3,\cdots : \text{각 성분 체적[\%]} \\ L_1,\ L_2,\ L_3,\cdots : \text{각 성분 단독의 폭발한계치} \end{bmatrix}$$

09 고압가스의 제조 및 용도

1. 수소(Hydrogen : H₂)

1-1 특징

- 무색, 무미, 무취의 가연성 가스이다.
- 고온에서 강재, 금속재료를 쉽게 투과한다.
- 모든 기체 중 확산속도가 가장 빠르며 비중이 가장 작다.
- 열전달률이 대단히 크고 열에 대해 안정적이다.
- 폭발범위가 넓다 : 공기 중(4 ~ 75[%]), 산소 중(4 ~ 94[%])
- 폭굉범위가 넓다 : 공기 중(18.3 ~ 59[%]), 산소 중(15 ~ 90[%])
- 수소는 산소, 염소, 불소와 반응하여 격렬한 폭발을 일으킨다.
  - 수소폭명기 : $2H_2 + O_2 \rightarrow 2H_2O + 136.6$[kcal]
  - 염소폭명기 : $H_2 + Cl_2 \rightarrow 2HCl + 44$[kcal]
  - 불소폭명기 : $H_2 + F_2 \rightarrow 2HF + 128$[kcal]
- 수소취성 : 고온, 고압하에서 강재 중 탄소와 반응하여 수소취성(탈탄반응)을 일으킨다.

  > $Fe_3C + 2H_2 \rightarrow CH_4 + 3Fe$
  > * 수소취성 방지원소 : 텅스텐(W), 바나듐(V), 몰리브덴(Mo), 티타늄(Ti), 크롬(Cr)

- 비점 : -252.9[℃], 임계온도 : -239.9[℃], 임계압력 : 12.8[atm]

1-2 제법

물의 전기분해법(Water Electrolysis)

- 전력소모가 많아 순도가 높은 수소를 소규모로 제조할 때 주로 이용
- 전해액은 20[%] 정도의 수산화나트륨(NaOH)을 사용
- 음극에서 수소(H_2), 양극에서 산소(O_2)가 2 : 1 비율로 발생
- 전극은 니켈 도금한 강판을 사용
- 직류를 사용, 2[V]의 전압으로 전기분해

기출문제

다음 ( )에 알맞은 것을 쓰시오. (단, 같은 것을 쓰면 0점 처리됨)
[2022년 4회 4번]

> 물을 전기분해하면 양극에서는 (가) 기체가 나오고, 음극에서는 (나) 기체가 나온다.

정답 : 가. 산소
　　　나. 수소

수성 가스법

적열(赤熱)한 코크스에 수증기를 접촉시키면 열분해에 의해 발생하는 가스로서, 주로 일산화탄소와 수소의 혼합체가 발생

$$C + H_2O \rightarrow CO + H_2$$

석유의 분해법

나프타 또는 원유를 분해하여 수소를 얻는 방법(열분해, 접촉분해법)

$$C_3H_8 + 3H_2O \rightarrow 3CO + 7H_2$$

천연가스 분해법

- 수증기 개질법 : 천연가스 주성분인 메탄과 수증기와의 반응

$$CH_4 + H_2O \leftrightarrow CO + 3H_2$$

- 부분산화법 : 메탄을 니켈 촉매를 사용하여 산소와 결합시켜 반응

$$2CH_4 + O_2 \leftrightarrow 2CO + 4H_2$$

일산화탄소 전해법

일산화탄소에 수증기를 반응시켜 철, 크롬계 촉매와 함께 가열하여 수소를 얻는 방법

$$CO + H_2O \leftrightarrow CO_2 + H_2$$

1-3 용도

- 암모니아, 염산, 메탄올 등의 합성원료로 사용
- 윤활유 정제용, 나프타·중유 등의 수소화 탈황
- 환원성을 이용한 금속제련용
- 연료전지의 연료나 로켓의 연료로 사용

2. 산소(Oxygen : O_2)

2-1 특징

- 상온에서 무색, 무미, 무취의 기체로 공기 중 21[%] 함유되어 있다.
- 스스로 연소하지 않으나 가연 물질의 연소를 돕는 지연성(조연성) 가스이다.
- 금속은 산소와 작용하여 산화물을 만든다.
- 유지류, 용제 등이 부착되면 산화폭발의 위험이 있다.
- 산소 또는 공기 중에서 무성방전시키면 오존(O_3)이 생성된다.

2-2 연소에 관한 성질

- 산소농도가 높아짐에 따라 연소속도의 증가, 발화온도의 저하, 화염온도의 상승, 화염길이의 증가를 가져온다.
- 폭발한계 및 폭굉범위가 공기와 비교하여 산소 중에서 현저하게 넓어져 위험성이 크다.
- 산소 용기나 그 기구류에는 기름, 그리스가 묻지 않도록 해야 하며, 산화폭발의 위험성이 크므로 사염화탄소 등의 용제로 충분히 세척한다.

2-3 제법

- 묽은 과산화수소(H_2O_2)에 이산화망간(MnO_2)을 가한다.
- 염소산칼륨($KClO_2$)에 이산화망간을 촉매로 하여 가열, 분리시킨다.
- 물의 전기 분해법
- 공기의 액화분리 : 산소는 -183[℃], 질소는 -195.8[℃]이므로, 비점이 낮은 질소를 먼저 분리한 후 산소를 얻는 것이 공기의 액화분리방법이다.

2-4 용도

산소 용접 및 절단, 제철, 산소 호흡에 의한 의학용

기출문제

공기의 성분이 산소, 질소, 이산화탄소, 아르곤일 때 공기 중 가장 많이 포함된 물질과 가장 적게 포함된 물질을 쓰시오.

[2022년 1회 8번]

가. 가장 많이 포함된 물질
나. 가장 적게 포함된 물질

정답 : 가. 질소
　　　　나. 이산화탄소

3. 질소(Nitrogen : N_2)

3-1 특징

- 공기 중에 약 79[%]를 차지하며, 상온에서 무색, 무미, 무취의 기체이다.
- 상온에서 다른 원소와 반응하지 않으며, 연소하지 않는 안정된 불연성 가스이다.
- 고온·고압(550[℃], 250[atm])하에서 수소와 작용하여 암모니아를 생성한다.

$$N_2 + 3H_2 \rightarrow 2NH_3$$

- Mg, Li, Ca 등과 화합하여 질화마그네슘(MgN_2), 질화리튬(Li_3N_2), 질화칼슘(Ca_3N_2) 등을 생성시킨다(내질화성 재료 : Ni).
- 전기 불꽃 등으로 극히 높은 온도에서는 산소와 화합하여 산화질소를 만든다.

3-2 제법

액체공기분리법

3-3 용도

- 암모니아 합성에 대부분 사용
- 가연성 가스 장치의 치환용 가스로 사용
- 기기의 기밀 시험용
- 액체 질소는 식품 등의 급속 동결용 냉매가스로 이용

4. 아세틸렌(Acetylene : C_2H_2)

4-1 특징

- 무색의 기체로서 순수한 것은 에테르와 같은 향기가 있으나 불순물(H_2S, PH_3, NH_3, SiH_4 등)로 인하여 특이한 냄새가 난다.
- 융점과 비점이 비슷하여 고체 아세틸렌은 융해하지 않고 승화한다.
- 액체 아세틸렌보다 고체 아세틸렌이 안전하다.
- 물에는 거의 녹지 않고, 유기용매(아세톤, DMF)에서 25배 용해한다.
- 산소와 연소시키면 3,000[℃] 이상의 고열을 얻을 수 있다(산화폭발).

$$2C_2H_2 + 5O_2 \rightarrow 4CO_2 + 2H_2O + 301.5[kcal] (폭발범위 : 2.5 \sim 81[\%])$$

기출문제

아세틸렌을 용기에 충전할 때 사용하는 침윤제 중 1가지를 쓰시오.

[2021년 4회 11번]

정답 : 아세톤, DMF

- 흡열 화합물이므로 압축하면 폭발을 일으킬 우려가 있다(분해폭발).

$$C_2H_2 \rightarrow 2C + H_2 + 54.2[kcal]$$

- Cu, Hg, Ag 등의 금속과 화합 시 폭발성 물질인 아세틸라이드를 생성한다.

$$C_2H_2 + 2Cu \rightarrow Cu_2C_2(동아세틸라이드) + H_2$$
$$C_2H_2 + 2Hg \rightarrow Hg_2C_2(수은아세틸라이드) + H_2$$
$$C_2H_2 + 2Ag \rightarrow Ag_2C_2(은아세틸라이드) + H_2$$

4-2 제법

카바이드에 물을 작용시켜 제조

$$CaC_2 + 2H_2O \rightarrow C_2H_2 + Ca(OH)_2$$

석유 크래킹으로 제조

$$C_3H_8 \xrightarrow[1,000 \sim 2,000[℃]]{creaking} C_2H_2 + CH_4 + H_2$$

4-3 용도

- 산소 아세틸렌 불꽃으로 금속의 용접에 이용
- 화학 공업용 원료로 이용

4-4 아세틸렌의 제조공정

- 가스 발생기 : 가스 발생 방법에 따라 주수식, 침지식, 투입식으로 나누어짐
- 습식 아세틸렌 발생기 : 표면온도 70[℃] 이하 유지(적정온도 : 50 ~ 60[℃])
- 아세틸렌 압축기 : 윤활유는 양질의 광유
- 청정제 : 에퓨렌, 카타리솔, 리카솔
- 용제 : 아세톤, DMF(디메틸포름아미드) 분해 폭발을 방지하기 위해 용해가스로 만들어 주는 데 용제로 사용
- 다공물질 : 아세틸렌 분해 및 연소의 기회를 만들지 않기 위해 용기의 내부에 미세한 간격으로 채워 넣는 물질
  - 목탄, 규조토, 석면, 석회석, 탄산마그네슘, 산화철, 다공성 플라스틱 등

- 다공도[%]

$$(V-E) \times \frac{100}{V} \qquad \begin{bmatrix} V : \text{다공물질의 용적} \\ E : \text{아세톤 침윤잔용적} \end{bmatrix}$$

5. 염소(Chlorine : Cl₂)

5-1 특징

- 상온에서 강한 자극성 냄새가 나는 황록색 기체이다.
- 독성 기체이다(1[ppm]).
- 자신은 타지 않고 다른 물질의 연소를 돕는 조연성 가스이다.
- 상온에서 물에 용해되면 소량의 염산 및 차아염소산(HClO)을 생성하여 살균, 표백작용을 한다.
- 수소와 혼합하여 염소폭명기가 되어 격렬한 폭발을 일으킨다.

$$H_2 + Cl_2 \rightarrow 2HCl$$

5-2 제법

- 수은법에 의한 소금의 전기분해
- 격막법에 의한 소금의 전기분해
- 염산의 전기분해

5-3 용도

- 상수도 살균, 섬유 표백용, 염화비닐의 원료, 펌프 제조 등에 사용
- 금속 티탄, 알루미늄 공업에 이용

6. 암모니아(Ammonia : NH₃)

6-1 특징

- 상온·상압에서 강한 자극성이 있고, 무색의 기체로서 물에 잘 녹는다(물 1[cc]에 800[cc]가 용해된다).
- 공기와 혼합하면 폭발하는 경우가 있다(폭발범위 15 ~ 28[%]).

기출문제

염소의 특징을 설명한 것이다. ( ) 속에 옳은 것을 "O" 표시 하시오. [2021년 2회 5번]

- 염소는 가스상태에 따라 (고압 / 액화) 가스로 구분한다.
- 연소성에 따라 (가연성 / 조연성 / 불연성)에 속하고 독성에 따라 (독성 / 비독성)으로 분류된다.

정답 : 액화, 조연성, 독성

- 허용농도는 25[ppm]이다.
- 증발잠열이 크므로 냉매로 이용된다(기화열 : 301.8[cal/g]).
- 동이나 동합금을 부식시킨다(용기재질 : 탄소강).
- 금속 이온(Zn, Cu, Ag 등)과 반응하면 착이온을 생성한다.

6-2 제법

- 하버 보슈법 : 질소와 수소를 반응하여 제조, 반응 압력에 따라 세 가지로 나눈다.

$$3H_2 + N_2 \rightleftarrows 2NH_3 + 23[kcal]$$

  - 고압법 : 600 ~ 1,000[kg/cm^2]이며 클로우드법, 카자레법이 있다.
  - 중압법 : 300[kg/cm^2] 전후이며 IG법, 뉴 파우더법, 뉴우데법, 케미그법, JCI법이 있다.
  - 저압법 : 150[kg/cm^2] 전후이며 구데법, 켈로그법이 있다.

  통상적으로 경제적인 측면을 고려하여 저압법, 중압법 등을 많이 사용한다.
- 석회질소법이 있으나 거의 사용되지 않는다.

6-3 용도

- 질소 비료 제조, 요소 제조에 쓰인다.
- 냉동용 냉매로 이용된다.
- 탄산 암모늄, 탄산 마그네슘 등의 탄산염 제조용이다.

6-4 누설검지법

- 네슬러 시약 : 소량(황색), 다량(자색)
- 적색 리트머스 시험지 : 청색으로 변색
- 유황초(황산, 염산) : 흰 연기 발생
- 페놀프탈레인지 : 적색으로 변색
- 냄새로 알 수 있음

7. 메탄(Methane : CH₄)

7-1 특징

- 무색무취의 가연성 기체이다(폭발범위 : 5 ~ 15[%]).
- 액화천연가스(LNG)의 주성분이며 고온에서 수증기와 작용하여 일산화탄소와 수소를 발생시킨다.
- 염소와 반응시키면 염소화합물을 만든다(CH_3Cl, CH_2Cl_2, $CHCl_3$, CCl_4 등).

7-2 제법

- 천연가스 속에 존재한다.
- 석유 정제의 분해가스에서 얻는다.
- 석탄의 고압 건류에서 얻는다.
- 유기물의 발효에 의하여 얻는다.

7-3 용도

연료로 대부분 사용하며, 아세틸렌 및 카본 블랙 제조 등에 사용된다.

> **기출문제**
> 메탄의 완전연소 반응식을 쓰시오.
> [2023년 4회 2번]
>
> 정답 : $CH_4 + 2O_2 \rightarrow CO_2 + 2H_2O$

8. L.P.G(Liquefied Petroleum Gas, 액화석유가스)

액화석유가스란 프로판, 부탄, 프로필렌, 부틸렌 등의 저급 탄화수소를 주성분으로 하는 석유계 혼합물을 말하며 보통 C_3 ~ C_4까지를 말한다. 통상 LPG는 프로판과 부탄을 지칭한다(C_3H_8 : 프로판, C_4H_{10} : 부탄, C_3H_6 : 프로필렌, C_4H_8 : 부틸렌).

8-1 특징

- 공기보다 무거우므로 누설 시 대기 중으로 확산되지 않고, 낮은 곳에 고여 인화하기 쉽다(프로판 비중 1.5, 부탄 비중 2).
- 액체 상태에서는 물보다 가볍다.
- 기화하면 체적이 커진다(프로판 약 250배, 부탄 약 230배).
- 기화잠열이 크다.

> **기출문제**
> 액화석유가스(LPG)의 주성분 2가지를 쓰시오. [2023년 4회 1번]
>
> 정답 : 프로판, 부탄

- 온도가 상승하면 용기 내의 증기압이 상승한다. 용기는 40[℃]를 넘지 않게 한다.
- 무색, 무미, 무취로 누설을 확인하기 위해 일정량의 부취제(메르캅탄 : RSH)를 첨가한다.

  (착취농도 : 공기 중 $\frac{1}{1,000}$ 상태)

- 천연고무를 녹이므로 호스는 합성고무(실리콘 고무)를 사용한다.
- 발화점이 다른 연료보다 높으므로 안전성이 있다.
- 발열량이 크다(12,000[kcal/kg]).
- 연소 시 다량의 공기가 필요하다.

$$C_3H_8 + 5O_2 \rightarrow 3CO_2 + 4H_2O + 530[kcal]$$
$$C_4H_{10} + 6.5O_2 \rightarrow 4CO_2 + 5H_2O + 700[kcal]$$

  프로판은 약 25배, 부탄은 약 31배의 공기가 필요하다.
- 폭발범위가 좁다(프로판 : 2.1 ~ 9.5[%], 부탄 : 1.8 ~ 8.4[%]).
  - 발화점에 영향을 주는 인자
    ‣ 가연성 가스와 공기의 혼합비
    ‣ 가열속도와 지속시간
    ‣ 점화원의 종류와 에너지 투여량
    ‣ 발화가 생기는 공간의 형태와 크기
    ‣ 기벽의 재질과 촉매효과

8-2 제법

습성 천연가스 및 원유로부터 제조 : 유전 지대에서 채취되는 습성 천연가스 및 원유에서 액화가스를 회수하는 방법

- 압축 냉각법(진한 가스에 응용) : 가스를 8[kg/cm^2] 정도로 압축 후 냉각하여 액화시킨 후 다시 24[kg/cm^2]로 압축하여 제조
- 흡수유에 의한 흡수법 : 경유를 용제로 가압하여 탄화수소를 흡수시킨 후 가열하여 정류
- 활성탄에 의한 흡착법(희박 가스에 응용)

8-3 용도

가정용 연료, 자동차 연료, 용접용, 연료가스, 공업용 연료 등으로 사용

탄화수소의 분류

- 알칸족 탄화수소(파라핀계 탄화수소, 메탄계 탄화수소, 포화 탄화수소가 있다)
  - 일반식 : C_nH_{2n+2}
  - 종류 : CH_4 : 메탄
    C_2H_6 : 에탄
    C_3H_8 : 프로판
    C_4H_{10} : 부탄
    C_5H_{12} : 펜탄
- 알켄족 탄화수소(올라핀계 탄화수소, 에틸렌계 탄화수소가 있다)
  - 일반식 : C_nH_{2n}
  - 종류 : C_2H_4 : 에틸렌
    C_3H_6 : 프로필렌
    C_4H_8 : 부틸렌
    C_5H_{10} : 펜텐
- 알킨족 탄화수소(아세틸렌계 탄화수소)
  - 일반식 : C_nH_{2n-2}
  - 종류 : C_2H_2 : 아세틸렌
    C_3H_4 : 프로틴
    C_4H_6 : 부타디엔

9. 산화에틸렌(Ethylene Oxide : C_2H_4O)

9-1 특징

- 상온에서 무색이며 독성가스이다(허용농도 50[ppm]).
- 가연성이며 중합 및 분해 폭발을 한다.
- 용기 내에 질소, 이산화탄소, 수증기를 희석제로 하여 미리 충전해두면 폭발범위가 좁아져 폭발을 피할 수 있다.

9-2 제법

에틸렌을 은을 촉매로 산화시켜 제조

9-3 용도

에틸렌 글리콜 제조, 폴리에스테르 섬유 등에 사용

10. 도시가스

10-1 도시가스의 원료

- 천연가스
- 액화천연가스
- 정유가스
- 나프타 분해가스
- LPG

10-2 부취제 구비조건

- 화학적으로 안정하고 독성이 없을 것
- 보통 존재하는 냄새와 명확하게 구분될 것
- 극히 낮은 농도에서도 냄새가 확인될 수 있을 것
- 배관이나 부속품 등에 흡착되지 않을 것
- 배관을 부식시키지 않을 것
- 물에 잘 녹지 않고 토양에 대한 투과성이 클 것
- 완전히 연소가 가능하고 연소 후 냄새나 유해한 성질이 남지 않을 것

10-3 부취제 주입방법

액체 주입식

펌프 주입방식, 적하 주입방식, 미터연결 바이패스 방식

증발식

바이패스 증발식, 위크 증발식

기출 문제

도시가스 기체연료의 장단점을 쓰시오. [2022년 2회 8번]

정답 :
- 장점 - 경제적이다, 안정적인 공급이 가능하다.
- 단점 - 초기 설치비용이 비싸다. 발열량이 적다. 무색무취로 식별이 힘들다.

10-4 농도

$\frac{1}{1,000}$의 농도(0.1[%])

10-5 종류

- T.B.M : 양파 썩는 냄새
- T.H.T : 석탄가스 냄새
- D.M.S : 마늘 냄새

10-6 저장능력 산정식

압축가스 설비(용기의 집합장치 저장탱크, 가스홀더에 적용)

$$M = 10PV$$

- V : 내용적[L]
- M : 대기압 상태에서의 가스의 용적[L]
- P : 35[℃]에서의 최고 충전압력[MPa]

표준상태(0[℃], 1[atm])에서 계산 시 P[atm]가 되는데 그때는 $M=PV$이다.

압축가스 용기

$$Q = (10P+1)V$$

P = 35[℃]에서의 최고충전압력[MPa] → 15[MPa] 사용

액화가스 용기

$$G = \frac{V}{C}$$

- V : 용기의 내용적[L]
- G : 액화가스 질량[kg]
- C : 충전상수(가스정수)

액화가스 설비(저장탱크)

$$G = 0.9dv$$

- G : 저장능력[kg]
- d : 상용온도에서의 액비중[kg/L]
- v : 저장설비 내용적[L]

기출문제

내용적이 50[L]인 용기에 가스를 충전하는 때에는 얼마의 충전량 [kg]을 초과할 수 없는지 구하시오. (단 충전상수 C는 1.04이다)

[2021년 2회 10번]

정답 : 48.08[kg]

풀이 : $G = \frac{V}{C} = \frac{50}{1.04} = 48.08$

10-7 초저온 용기 단열성능 시험 시 침입열량 계산식

$$Q = \frac{wq}{H \cdot \Delta t \cdot v}$$

- Q : 침입열량[kcal/h℃L]
- w : 기화가스량[kg]
- H : 측정시간[hr]
- v : 내용적[L]
- q : 기화잠열[kcal/kg]
- Δt : 성분부피온도차[℃]

10 기화장치 및 정압기

1. 기화장치

부속설비에 해당하는 것으로 전열기나 온수에 의해 LPG를 기화하는 장치

열교환기

액상의 LPG를 열교환기에 의하여 기화시키는 부분

열매 온도 제어장치

열 매체의 온도를 일정한 범위로 유지

과열 방지 장치

열 매체가 이상 과열하면 히터로의 공급이 정지

일류 방지 장치

액화가스의 넘쳐흐름을 방지하는 장치

압력 조정기

기화되어 나온 가스를 소비목적에 따라서 일정한 압력으로 조절

안전변

기화장치의 내압이 이상 상승할 때 장치 내의 가스를 외부로 방출

증기를 강제로 기화시킬 때 사용하는 장치를 쓰시오.

[2022년 2회 5번]

정답 : 강제기화기

1-1 기화기 사용 시 이점

- LP가스의 종류에 관계없이 한랭 시에도 충분히 기화시킬 수 있다.
- 공급가스의 조성이 일정하다.
- 설치면적이 작아도 되고 기화량을 가감할 수 있다.
- 설비비 및 인건비가 절감된다.

1-2 작동원리에 따른 분류

가온감압방식
열교환기에 액상의 LP가스를 흘려 보내어 온도를 가하고 여기에 기화된 가스를 조정기에 의하여 감압시켜 공급하는 형식

감압가온방식
액상의 LP가스를 조정기나 감압 밸브를 통해 감압시키고 이것을 열교환기에 흘려보내어 대기나 온수 등으로 가열하여 기화시키는 방식

1-3 가열방식에 따른 분류

온수가스가열식, 온수전기가열식, 온수스팀가열식, 대기온이용식

2. 정압기(Governor)

고압 → 중압 → 저압 → 소요압력으로 감압시켜 주는 기기

2-1 정압기 용도별 분류

지구 정압기
가스도매사업자로부터 일반도시가스사업자가 천연가스를 받아 압력을 낮출 때 설치하는 정압기

지역 정압기
중압관에서 각 세대로 공급하기 위하여 중압을 저압으로 낮추는 정압기

단독 정압기
대규모 사용시설에서 자가용으로 중압을 저압으로 낮추는 정압기

2-2 정압기의 특성

정특성

정상상태에서 유량과 2차압력의 관계

동특성

부하변동에 대한 응답의 신속성과 안정성이 요구

유량특성

메인밸브 개도와 유량의 관계

11 고압가스 용기

1. 고압 용기

1-1 용기의 구분

용접 용기(계목용기)

강판을 사용하여 용접에 의해 제작, 비교적 저압가스용, 액화가스를 충전한다 (LPG, NH_3, C_2H_2, C_2H_4O).

이음매 없는 용기(무계목용기)

고압의 압축가스, 상온에서 높은 증기압을 가지는 액화가스, 맹독성이며, 부식성이 큰 가스용(O_2, N_2, H_2, Ar, 액화 CO_2, 액화 Cl_2)

용기의 CPS비율

구분	C(탄소)	P(인)	S(황)
이음매 있는 용기	0.33[%]	0.04[%]	0.05[%]
이음매 없는 용기	0.55[%]	0.04[%]	0.05[%]

정상상태에서의 정압기에서 송출 유량과 2차압의 관계를 무엇이라고 하는지 쓰시오. [2023년 2회 8번]

정답 : 정특성

이음새 없는(Seamless) 용기의 특징을 2가지만 쓰시오.
[2022년 4회 5번]

정답 :
- 고압에 견디기 쉬운 구조이다.
- 내압에 대한 응력 분포가 균일하다.
- 용접용기에 비해 제작비가 비싸다.
- 두께가 균일하지 못할 수 있다.

용기의 재질

- LPG, 아세틸렌, 암모니아 : 탄소강
- 산소 : 크롬강
- 수소 : 크롬강, 내수소성을 증가시키기 위하여 바나듐, 텅스텐, 몰리브덴, 티탄 등을 첨가하여 사용한다.
- 염소 : 탄소강(염소용기는 수분에 특히 주의)
- 초저온 용기 : 알루미늄 합금강 또는 오스테나이트계 STS강을 사용

초저온 및 저온 용기

- 초저온 용기 : 임계온도가 -50[℃] 이하인 액화가스(액화산소, 액화질소, 액화 아르곤 등)를 충전하기 위한 용기
- 저온 용기 : 단열재로 피복 또는 냉동설비로 냉각하여 용기 내의 가스온도가 상용의 온도를 초과하지 않도록 조치한 용기

1-2 용기용 밸브

밸브의 구조에 의한 분류

패킹식, 오일링식, 백시트식, 다이어프램식

밸브의 표시

제조자명 및 약호, 제조연월, 중량, 내압시험압력

충전구의 나사방향

- 가연성 가스 : 왼나사(단, NH_3, CH_3Br은 제외)
- 가연성 가스 이외 : 오른나사

가스 충전구의 형식에 의한 종류

- A형 : 가스 충전구가 수나사인 것
- B형 : 가스 충전구가 암나사인 것
- C형 : 가스 충전구에 나사가 없는 것

1-3 안전장치

LPG 용기

스프링식 안전밸브

염소, 아세틸렌, 산화에틸렌 용기
가용전식 안전밸브

산소, 수소, 질소, 아르곤 등의 압축가스 용기
파열판식 안전밸브

1-4 용기의 검사

신규검사
화학성분검사, 인장강도, 충격, 압궤, 연신율, 굴곡 용접부, X-검사, 파열, 기밀, 내압시험 등

재검사
음향검사, 외관검사, 내부조명검사, 질량검사, 내압시험

재검사 기간

용기의 종류		신규검사 후 경과연수		
		15년 미만	15년 이상 20년 미만	20년 이상
		재검사 주기		
용접용기 (액화석유 가스용 용접용기는 제외)	500ℓ 이상	5년마다	2년마다	1년마다
	500ℓ 미만	3년마다	2년마다	1년마다
액화석유가스용 용접용기	500ℓ 이상	5년마다	2년마다	1년마다
	500ℓ 미만	5년마다		2년마다
이음매 없는 용기 또는 복합재료용기	500ℓ 이상	5년마다		
	500ℓ 미만	신규검사 후 경과 연수가 10년 이하인 것은 5년마다, 10년을 초과한 것은 3년마다		
액화석유가스용 복합재료 용기		5년마다(설계조건에 반영되고, 산업통상자원부장관으로부터 안전한 것으로 인정을 받은 경우에는 10년마다)		
용기 부속품	용기에 부착되지 아니한 것	용기에 부착되기 전 (검사 후 2년이 지난 것만 해당)		
	용기에 부착된 것	검사 후 2년이 지나 용기 부속품을 부착한 해당 용기의 재검사를 받을 때마다		

1-5 합격 용기의 각인

- V : 내용적[L]
- W : 질량[kg]
- TW : 아세틸렌 용기에 다공물질, 용제 및 밸브의 질량을 합한 질량[kg]
- TP : 내압시험압력[MPa]
- FP : 최고충전압력[MPa]

1-6 충전용기 부속품 기호

- AG : 아세틸렌가스 충전용기 부속품
- PG : 압축가스 충전용기 부속품
- LPG : 액화석유가스 충전용기 부속품
- LG : 액화석유가스를 제외한 액화가스 충전용기 부속품
- LT : 초저온 용기 및 저온 용기 부속품

1-7 용기의 도색

가스종류	용기도색	
	공업용	의료용
산소	녹색	백색
수소	주황색	-
액화탄산가스	청색	회색
액화석유가스	밝은 회색	-
아세틸렌	황색	-
암모니아	백색	-
액화염소	갈색	-
질소	회색	흑색
아산화질소	회색	청색
헬륨	회색	갈색
에틸렌	회색	자색
사이클로프로판	회색	주황색
기타의 가스	회색	-

2. 용기 수량 결정 조건

- 최대 사용량(피크 시 사용량)
- 용기의 종류(크기)
- 용기 1개당 가스발생 능력

$$Q = q \times N \times n$$

Q : 피크 시 사용량[kg/h]
q : 1일 1호당 평균가스 소비량[kg/d]
N : 세대수
n : 소비율

- 용기수 = $\dfrac{\text{피크 시 사용량}}{\text{용기 1개당 가스발생 능력}}$

- 용기 교환주기 = $\dfrac{\text{사용가스량}}{\text{1일 사용량}}$

 사용가스량 = 용기질량 × 용기수 × 사용[%]

12 공기액화 분리장치

1. 공기액화 분리장치의 폭발 원인

- 공기 취입구로부터 아세틸렌의 혼입
- 압축기용 윤활유 분해에 따른 탄화수소의 생성
- 공기 중 질소화합물의 혼입
- 액체공기 중의 오존의 혼입

2. 폭발방지 대책

- 장치 내 여과기를 설치
- 아세틸렌이 흡입되지 않는 장소에 공기 흡입구를 설치
- 양질의 압축기 윤활유 사용
- 장치는 1년에 1회 이상 사염화탄소(CCl_4)를 사용하여 세척

13 압축기 및 펌프

1. 압축기

1-1 압축기의 종류 및 적용범위

- 용적식 : 왕복식, 회전식, 다이어프램식
- 터보형 : 원심식, 축류식

1-2 압축기의 특징

왕복동식 압축기 특징
- 용적형이다.
- 오일 윤활식 또는 무급유식이다.
- 압축하면 맥동이 생기기 쉽다.
- 용량조절의 범위가 넓고 쉽다.
- 토출압력에 의한 용량 변화가 적고 기체의 비중에 영향이 없으며 쉽게 고압이 얻어진다.
- 형태가 크고, 설치면적이 크다.

터보형 압축기
- 무급유이다.
- 기체에는 맥동이 없고 연속 송출된다.
- 고속회전이므로 형태가 적고 경량이며 대용량에 적합하다.
- 기초설치면적이 적고 흡입 밸브, 토출 밸브 등의 마찰 부분이 없으므로 내구성이 크고 고장이 적다.
- 토출압력 변화에 의한 용량의 변화가 크고 서징 현상이 있으므로 운전상 주의할 필요가 있다.
- 일반적으로 효율이 낮고, 용량 조정은 가능하지만 비교적 어렵고 범위도 좁다.

기출문제

다단압축기가 있다. 다단압축을 하는 목적을 4가지 쓰시오.
[2021년 2회 8번]

정답 :
- 1단 단열압축과 비교한 일량의 절약
- 이용효율의 증가
- 힘의 평형이 좋아짐
- 가스의 온도 상승을 피할 수 있음

회전식 압축기

- 일정한 회전속도에 있어서 그 송출량이 대략 일정하다.
- 로우터와 기타 부분의 압력차 때문에 고장이 일어나기 쉽다.
- 구조상 흡입기체에 기름이 혼입되기 쉽다.

스크루 압축기

- 무급유식 또는 급유식이다.
- 기체에는 맥동이 없고 연속적이다.
- 고속회전이므로 형태가 적고 경량이며 중용량에서 대용량에 적합하다.
- 기초설치면적이 적다.
- 토출압력의 변화에 의한 용량변화가 적고 기체의 비중에 약간 영향을 받는다.
- 일반적으로 효율이 떨어진다. 용량조정이 곤란하고 소음방지장치가 필요하다.
- 흡입, 압축, 토출의 3행정을 갖는다.

1-3 압축기 윤활유

윤활의 목적

- 활동부에 유막을 형성하여 마찰저항을 적게 하며 운전을 원활하게 한다.
- 유막을 형성하여 가스의 누설을 방지한다.
- 활동부의 마찰열을 제거하여 기계효율을 높인다.

윤활유 선택 시 주의사항

- 사용가스와 화학반응을 일으키지 않을 것
- 인화점이 높고 응고점은 낮을 것
- 점도가 적당하고 항유화성을 가질 것
- 수분 등의 불순물이 적을 것

중요 가스의 윤활유

- 공기, 아세틸렌, 수소 : 양질의 광유
- 산소 : 물 또는 10[%] 이하의 묽은 글리세린수
- 염소 : 진한 황산
- LP가스 : 식물성유

기출문제

산소 압축기의 내부 윤활제로 주로 사용되는 것은 무엇인지 쓰시오.

정답 : 물 또는 10[%] 이하의 묽은 글리세린수

1-4 왕복압축기 피스톤 압출량

$$V = \frac{\pi}{4} d^2 \times L \times N \times n \times \eta_V$$

- V : 피스톤 압출량[m³/min]
- d : 내경[m]
- L : 행정[m]
- N : 회전수[rpm]
- n : 기통수
- η_V : 체적효율

2. 펌프

2-1 펌프의 분류

터보식 펌프

원심펌프, 사류펌프, 축류펌프

- 볼류트펌프의 특징
  - 토출량이 크며, 저점도의 액체에 적당하다.
  - 저양정 시동 때 물이 필요하다(프라이밍).
- 터빈펌프의 특징
  - 고양정을 얻기 위해 단수를 가감할 수 있다.
  - 고양정, 저점도의 액체에 적당하다.
  - 대용량에 적합하다.
- 펌프의 구비조건
  - 고온, 고압에 견딜 것
  - 작동이 확실하고, 조작·보수가 용이할 것
  - 급격한 부하의 변동에 대응할 것
  - 저부하, 고부하에서도 효율이 양호할 것
  - 병렬운전에 지장이 없을 것
  - 회전식은 고속에 안전할 것
  - 누설이 없고 고장이 적을 것

용적식 펌프

왕복 펌프(피스톤 펌프, 플런저 펌프, 다이어프램 펌프), 회전 펌프(기어 펌프, 나사펌프, 베인 펌프)

2-2 펌프에서 일어나는 현상

캐비테이션(공동현상)
유수 중에 그 수온의 증기압보다 낮은 부분이 생기면 물이 증발을 일으키고 기포를 발생하는 현상(방지법 : 회전수 낮춤, 흡입관경 넓힘, 양 흡입펌프 사용, 설치위치 낮춤, 두 대 이상 펌프 사용)

베이퍼 록 현상
저비점 액체 이송 시 펌프입구에서 발생하는 현상으로 액의 끓음에 의한 동요

수격작용
펌프를 운전 중 정전 등으로 인해 심한 속도변화에 따른 심한 압력변화가 생기는 현상

기출문제

다음 보기에서 설명하는 현상이 무엇인지 쓰시오.

[2023년 1회 9번]

> 저비점 액체 등을 이송 시 펌프의 입구에서 액 자체 또는 흡입배관 외부의 온도가 상승하여 고온의 액체가 끓는 현상 또는 흡입관로의 막힘으로 저항이 증대될 경우에 발생하는 현상을 말한다.

정답 : 베이퍼 록 현상

2-3 펌프의 계산식

$$[kW] = \frac{\gamma \cdot Q \cdot H}{102\eta}$$

$$[ps] = \frac{\gamma \cdot Q \cdot H}{75\eta}$$

2-4 펌프운전 중 회전수 변경 시

$$Q_2 = Q_1 \times \left(\frac{N_2}{N_1}\right)$$

$$H_2 = H_1 \times \left(\frac{N_2}{N_1}\right)^2$$

$$kw_2 = kw_1 \times \left(\frac{N_2}{N_1}\right)^3$$

14 LP가스 이송설비

LP가스를 탱크로리로부터 저장탱크에 이송하는 경우에 사용되는 설비로서 액 펌프나 압축기가 주로 사용된다.

1. 탱크 자체압력에 의한 이송

탱크로리와 저장탱크의 압력차를 이용하여 이송시키는 방식이다.

2. 펌프에 의한 이송

기어펌프나 원심펌프 등이 사용된다.

3. 압축기에 의한 이송

압축기를 사용하여 그 압력으로 저장탱크에 액을 이송시키는 방식이다.

	장점	단점
액 펌프에 의한 방법	• 재액화 우려가 없다. • 드레인 현상이 없다.	• 충전시간이 길다. • 잔가스 회수가 불가능하다. • 베이퍼 록 현상이 일어나 누설의 원인이 된다.
압축기에 의한 방법	• 펌프에 비해 이송시간이 짧다. • 베이퍼 록 현상의 우려가 없다. • 잔가스 회수가 용이하다.	• 압축기 오일이 저장탱크에 들어가 드레인의 원인이 된다. • 저온에서 부탄이 재액화될 우려가 있다.

15 조정기(Regulator)

고압의 가스를 연소기의 사용압력에 맞게 적정한 압력으로 조정

1. 조정기의 종류

- 단단 감압식
- 다단 감압식
- 자동절체식 조정기를 사용할 때의 장점
  - 잔액을 모두 소비할 수 있다.
  - 전체 용기의 개수가 수동 절체식보다 적게 소요된다.
  - 용기교환주기의 폭을 넓힐 수 있다.
  - 분리형을 사용하면 단단 감압식 조정기의 경우보다 도관의 압력손실을 크게 하여도 된다.

2. 조정기의 압력

종류	입구압력[MPa]	조정압력[kPa]
1단 감압식 저압조정기	0.07 ~ 1.56	2.30 ~ 3.30
1단 감압식 준저압조정기	0.1 ~ 1.56	5.0 ~ 30.0 이내에서 제조자가 설정한 기준압력의 ±20[%]
2단 감압식 일체형 저압조정기	0.07 ~ 1.56	2.30 ~ 3.30
2단 감압식 일체형 준저압조정기	0.1 ~ 1.56	5.0 ~ 30.0 이내에서 제조자가 설정한 기준압력의 ±20[%]
2단 감압식 1차용 조정기 (용량 100[kg/h] 이하)	0.1 ~ 1.56	57.0 ~ 83.0
2단 감압식 1차용 조정기 (용량 100[kg/h] 초과)	0.3 ~ 1.56	57.0 ~ 83.0
2단 감압식 2차용 저압조정기	0.01 ~ 0.1 또는 0.025 ~ 0.1	2.30 ~ 3.30

기출 문제

입구압력이 최대 1.56[MPa]의 압력을 받아서 2.3 ~ 3.3[kPa]의 압력으로 조정하여 내보내는 장치는 무엇인지 쓰시오.

[2021년 4회 8번]

정답 : 1단 감압식 정압조정기

종류	입구압력[MPa]	조정압력[kPa]
2단 감압식 2차용 준저압조정기	조정압력 이상 ~ 0.1	5.0 ~ 30.0 내에서 제조자가 설정한 기준압력의 ±20[%]
자동절체식 일체형 저압조정기	0.1 ~ 1.56	2.55 ~ 3.30
자동절체식 일체형 준저압조정기	0.1 ~ 1.56	5.0 ~ 30.0 내에서 제조자가 설정한 기준압력의 ±20[%]
그 밖의 압력조정기	조정압력 이상 ~ 1.56	5[kPa]를 초과하는 압력범위에서 상기 압력조정기의 종류에 따른 조정압력에 해당하지 않는 것에 한하며, 제조자가 설정한 기준압력의 ±20[%]일 것

16 가스계량기

1. 가스계량기의 특징

종류별 특징

	막식 가스계량기	습식 가스계량기	루츠식 가스계량기
장점	• 값이 싸다. • 설치 후 유지관리에 시간을 요하지 않는다.	• 계량이 정확하다. • 사용 중에 기차의 변동이 크지 않다.	• 대유량의 가스측정에 적합하다. • 중압가스의 계량이 가능하다. • 설치면적이 적다.
단점	• 대용량인 것은 설치면적이 크다.	• 사용 중에 수위조정 등의 관리가 필요하다. • 설치면적이 크다.	• 스트레이너의 설치 및 설치 후 유지관리가 필요하다. • 소유량인 것은 부동의 우려가 있다.
일반적 용도	일반수용가	기준용, 실험실용	대수용가

2. 가스계량기 설치기준

- 가스계량기와 화기(그 시설 안에서 사용하는 자체화기는 제외) 사이에 유지하여야 하는 거리 : 2[m] 이상
- 설치 장소
  다음 요건을 모두 충족하는 곳. 다만 ④의 요건은 주택의 경우에만 적용한다.
  ① 가스계량기의 교체 및 유지 관리가 용이할 것
  ② 환기가 양호할 것
  ③ 직사광선이나 빗물을 받을 우려가 없을 것. 다만, 보호상자 안에 설치하는 경우에는 그러하지 아니하다.
  ④ 가스사용자가 구분하여 소유하거나 점유하는 건축물의 외벽, 다만, 실외에서 가스사용량 검침을 할 수 있는 경우에는 그러하지 아니하다.
- 설치금지 장소
  공동주택의 대피공간, 방·거실 및 주방 등으로서 사람이 거처하는 곳 및 가스계량기에 나쁜 영향을 미칠 우려가 있는 장소
- 바닥으로부터 1.6[m] 이상 2[m] 이내에 수직·수평으로 설치하고 밴드·보호가대 등 고정 장치로 고정시킬 것. 다만, 격납상자에 설치하는 경우, 기계실 및 보일러실(가정에 설치된 보일러실 제외)에 설치하는 경우와 문이 달린 파이프 덕트 안에 설치하는 경우에는 설치 높이의 제한을 하지 않는다.
- 가스계량기와 전기계량기 및 전기개폐기와의 거리는 60[cm] 이상, 굴뚝(단열조치를 하지 않은 경우만을 말한다)·전기점멸기 및 전기접속기와의 거리는 30[cm] 이상, 절연조치를 하지 아니한 전선과의 거리는 15[cm] 이상의 거리를 유지할 것
- 입상관과 화기(그 시설 안에서 사용하는 자체화기는 제외한다) 사이에 유지해야 하는 거리는 우회거리 2[m] 이상으로 하고, 환기가 양호한 장소에 설치해야 하며 입상관의 밸브는 바닥으로부터 1.6[m] 이상 2[m] 이내에 설치할 것. 다만, 보호상자에 설치하는 경우에는 그러하지 아니하다.

3. 표시사항

- [L/rev] : 계량실 1주기당 체적
- MAX ○○[m²/h] : 시간당 최대사용유량

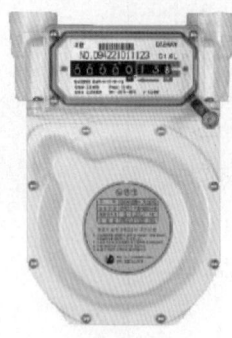
가스계량기

다기능 가스안전계량기

4. 다기능 가스안전계량기

LP가스 또는 도시가스 사용시설에 설치되는 가스계량기로서 이상 유량차단, 가스누출차단 등의 기능을 가진 계량기를 말한다.

17 가스누출 검지경보장치

1. 종류

- 접촉연소방식 : 가연성 가스
- 격막갈바니 전지방식 : 산소
- 반도체 방식 : 가연성, 독성

2. 경보농도

- 가연성 가스 : 폭발하한의 $\frac{1}{4}$ 이하
- 독성가스 : TLV-TWA 기준농도 이하
- 암모니아를 실내에서 사용하는 경우 : 50[ppm]
※ 경보를 발신한 후 가스농도가 변해도 계속 경보를 울릴 것

18 방류둑

1. 방류둑의 기능

액화가스가 액체상태로 누출된 경우 액체상태의 가스 저장탱크 주위의 한정된 범위를 벗어나서 다른 곳으로 유출되는 것을 방지

2. 저장탱크의 방류둑의 용량

저장탱크의 저장능력에 상당하는 용적 이상의 용적이어야 한다.

3. 방류둑의 구조

- 방류둑의 재료 : 철근콘크리트, 철골·철근콘크리트, 금속, 흙 또는 이들을 혼합
- 성토 : 수평에 대하여 45° 이하의 기울기
- 성토 윗부분의 폭 : 30[cm] 이상
- 방류둑에는 계단, 사다리 또는 토사를 높이 쌓아 올림 등에 의한 출입구를 둘레 50[m]마다 1개 이상(그 둘레가 50[m] 미만일 경우에는 2개 이상을 분산하여 설치)
- 방류둑 안에는 고인 물을 외부로 배출할 수 있는 조치를 한다. 이 경우 배수조치는 방류둑 밖에서 배수 및 차단조작을 할 수 있도록 하고, 배수할 때 이외에는 반드시 닫아 둔다.

19 벤트 스택(Vent Stack)과 플레어 스택 (Flare Stack)의 기준

1. 벤트 스택

가연성 가스 또는 독성가스의 설비에서 이상상태가 발생한 경우 당해 설비 내의 내용물을 설비 밖으로 긴급하고 안전하게 이송하는 설비에서 벤트 스택으로 방출

1-1 긴급용 벤트 스택

- 벤트 스택의 높이 : 가연성 가스인 경우 방출된 가스의 착지농도(着地濃度)가 폭발하한계값 미만, 독성가스인 경우에는 허용농도값 미만
- 독성가스는 제독조치를 한 후 벤트 스택에서 방출할 것
- 벤트 스택 방출구의 위치는 작업원이 정상작업을 하는데 필요한 장소 및 작업원이 항시 통행하는 장소로부터 10[m] 이상(그 밖의 벤트 스택은 5[m]) 떨어진 곳에 설치

2. 플레어 스택

방출물을 밀폐된 시스템(드럼)의 한 곳에 저장한 후 대기와 연결된 배관을 통하여 점화, 연소시켜 안전하게 방출, 플레어 스택의 설치위치 및 높이는 플레어 스택 바로 밑의 지표면에 미치는 복사열이 4,000[kcal/m^{2}hr] 이하가 되도록 하여야 한다. 다만, 4,000[kcal/m^2·h]를 초과하는 경우로서 출입이 통제되어 있는 지역은 그렇지 않다.

기출문제

가연성 가스 또는 독성가스의 고압가스설비에서 이상 상태가 발생한 경우 당해 설비 내의 내용물을 설비 밖 대기 중으로 방출시키는 장치의 명칭을 쓰시오.

[2022년 3회 11번]

정답 : 벤트 스택

20 방호벽의 규격

방호벽의 종류	높이	두께	보강제 및 제원
철근 콘크리트제	2,000[mm] 이상	120[mm] 이상	직경 9[mm] 이상의 철근을 400[mm] 이하의 간격으로 배근하여 결속
콘크리트 블록제	2,000[mm] 이상	150[mm] 이상	직경 9[mm] 이상의 철근을 400[mm] 이하의 간격으로 배근하여 결속하고 블록 공동부에는 콘크리트 모르타르를 채움
강판제 (I형, 후강판)	2,000[mm] 이상	6[mm] 이상	1,800[mm] 이하의 간격으로 형강제 지주설치
강판제 (II형, 박강판)	2,000[mm] 이상	3.2[mm] 이상	1,800[mm] 이하의 간격으로 형강제 지주설치

기출문제

당해 충전장소와 당해 가스 충전용기 보관장소 사이 등에 높이 2[m]이상, 두께 12[cm] 이상의 철근 콘크리트 또는 이와 동등 이상의 강도를 가지는 시설이 무엇인지 쓰시오. [2021년 3회 12번]

정답 : 방호벽

21 전기 방폭구조 및 위험장소의 등급

1. 방폭구조

전기설비에 의한 점화원인 전기불꽃을 제거함으로써 화재폭발이 일어나지 않도록 하는 것을 전기방폭구조라 한다.

- 내압 방폭구조(표시방법 d)
- 유입 방폭구조(표시방법 o)
- 압력 방폭구조(표시방법 p)
- 안전증 방폭구조(표시방법 e)
- 본질안전 방폭구조(표시방법 ia 또는 ib)
- 특수 방폭구조(표시방법 s)

2. 위험장소의 등급

위험장소 구분	위험장소의 정의
0종 장소	• 상용의 상태에서 가연성 가스의 농도가 연속해서 폭발한계 이상으로 되는 장소(폭발상한계를 넘는 경우에는 폭발한계 이내로 들어갈 우려가 있는 경우를 포함)
1종 장소	• 상용 상태에서 가연성 가스가 체류해 위험하게 될 우려가 있는 장소, 정비보수 또는 누출 등으로 인하여 종종 가연성 가스가 체류하여 위험하게 될 우려가 있는 장소
2종 장소	• 밀폐된 용기 또는 설비 안에 밀봉된 가연성 가스가 그 용기 또는 설비의 사고로 인하여 파손되거나 오조작의 경우에만 누출할 위험이 있는 장소 • 확실한 기계적 환기 조치에 따라 가연성 가스가 체류하지 않도록 되어 있으나 환기장치에 이상이나 사고가 발생한 경우에는 가연성 가스가 체류해 위험하게 될 우려가 있는 장소 • 1종 장소의 주변 또는 인접한 실내에서 위험한 농도의 가연성 가스가 종종 침입할 우려가 있는 장소

22 고압가스 운반

1. 경계표시

- 가로 치수 : 차체 폭의 30[%] 이상
- 세로 치수 : 가로 치수의 20[%] 이상
- 삼각기는 적색바탕에 글자색은 황색, 경계표지는 적색글씨로 표시할 것. 다만, 차량구조상 정사각형 또는 이에 가까운 형상으로 표시하여야 할 경우에는 그 면적을 600[cm^2] 이상으로 한다.

2. 염소와 암모니아, 아세틸렌, 수소는 동일한 차량에 운반하지 않는다.

3. 독성가스 운반 시 제독제 기준

1,000[kg] 이상 운반할 때 소석회 40[kg] 이상, 1,000[kg] 미만 운반할 때 20[kg] 이상 휴대

4. 액화가스를 충전하는 탱크는 그 내부에 액면요동을 방지하기 위한 방파판 설치

5. 내용적 제한(철도차량 제외)

- 가연성, 산소 : 18,000[L](LPG 제외)
- 독성 : 12,000[L](NH_3 제외)

저장능력	사업소 경계와의 거리
가로 : 자체 폭의 30[%] 이상 위 고압가스 험 독성가스 세로 : 가로 치수의 20[%] 이상	30[cm] / 40[cm] 위 고압가스 험 독성가스

기출문제

가연성 가스의 제조설비, 저장설비의 전기설비는 방폭성능을 가지는 것을 설치하여야 한다. 전기불꽃에 의한 폭발을 방지하기 위한 방폭구조 2가지를 쓰시오.

[2022년 3회 12번]

정답 : 유입 방폭구조, 안전증 방폭구조, 본질안전 방폭구조

23 액화석유가스 용기충전사업, LPG자동차 용기충전시설

1. 안전거리

저장능력	사업소 경계와의 거리
10톤 이하	24[m]
10톤 초과 20톤 이하	27[m]
20톤 초과 30톤 이하	30[m]
30톤 초과 40톤 이하	33[m]
40톤 초과 200톤 이하	36[m]
200톤 초과	39[m]

2. 통풍구

바닥면적 1[m^2]마다 300[cm^2] 비율로 계산, 1개소 환기구의 면적 2,400[cm^2] 이하, 환기구는 2방향 이상으로 분산하여 설치

3. 보호대

- 재질 : 철근콘크리트(두께 12[cm] 이상) 또는 강관제(100[A] 이상)
- 높이 : 80[cm] 이상

4. 게시판

- 충전중엔진정지 : 황색바탕에 흑색글씨
- 화기엄금 : 백색바탕에 적색글씨

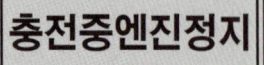

5. 충전호스

- 길이 : 5[m] 이내
- 안전 커플링(Safety Coupling) : 충전기와 가스주입기가 분리될 수 있는 안전장치

24
가스누출 자동차단장치

1. 검지부

누출된 가스를 검지하여 제어부로 신호를 보내는 기능

2. 차단부

제어부로부터 보내진 신호에 따라 가스의 유로를 개폐하는 기능

3. 제어부

차단부에 자동차단신호를 보내는 기능, 차단부를 원격 개폐할 수 있는 기능 및 경보기능을 가진 것

기출문제

가스 누설 시 경보가 울리고 자동으로 가스 공급을 차단하는 장치를 쓰시오. [2022년 2회 11번]

정답 : 가스누출 자동차단장치

25 배관

1. 지하에 매몰하는 배관 재료

폴리에틸렌 피복강관, 가스용 폴리에틸렌관 사용

2. 로케팅와이어

지상에서 배관이 매설되어 있는 것을 탐지하기 위하여 설치(전선의 굵기 : 6[mm²] 이상)

3. 폴리에틸렌관 융착이음 방법

맞대기 융착, 소켓 융착, 새들 융착

맞대기 융착

소켓 융착

새들 융착

4. 배관의 고정장치 설치

- 관 지름 13[mm] 미만 : 1[m]마다
- 관 지름 13[mm] 이상 33[mm] 미만 : 2[m]마다
- 관 지름 33[mm] 이상 : 3[m]마다

5. 입상관의 밸브 설치

1.6[m] 이상 2[m] 이내 설치(보호상자 안에 설치하는 경우 제외)

6. 도시가스배관 지하매설배관 재료

폴리에틸렌 피복강관, 분말융착식 폴리에틸렌 피복강관

7. 배관의 표시

사용가스명, 최고사용압력, 가스의 흐름방향(지하에 매설하는 경우에는 흐름방향을 표시하지 않을 수 있다)

8. 가스배관의 표면 색상

- 지상배관 : 황색
- 지하배관 : 황색(저압), 적색(중압)

9. 매설깊이

공동주택 부지 내(0.6[m] 이상), 폭 8[m] 이상의 도로(1.2[m] 이상), 폭 4[m] 이상 8[m] 미만인 도로(1[m] 이상)

26 정압기(실) 기준

1. 사고예방설비 기준

1-1 과압안전장치 설정압력

정압기에 설치되는 이상압력 통보설비, 긴급차단장치 및 안전밸브의 설정압력은 다음 표의 기준에 의해 설정

구분		상용압력이 2.5[kPa]인 경우	그 밖의 경우
이상압력 통보설비	상한값	3.2[kPa] 이하	상용압력의 1.1배 이하
	하한값	1.2[kPa] 이상	상용압력의 0.7배 이상
주정압기에 설치하는 긴급차단장치		3.6[kPa] 이하	상용압력의 1.2배 이하
안전밸브		4.0[kPa] 이하	상용압력의 1.4배 이하
예비정압기에 설치하는 긴급차단장치		4.4[kPa] 이하	상용압력의 1.5배 이하

1-2 안전밸브 분출부 크기

- 정압기 입구측 압력이 0.5[MPa] 이상 : 50[A] 이상
- 정압기 입구측 압력이 0.5[MPa] 미만 : 정압기의 설계유량에 따라
  - 정압기 설계유량이 1,000[Nm^3/h] 이상인 것은 50[A] 이상
  - 정압기 설계유량이 1,000[Nm^3/h] 미만인 것은 25[A] 이상

1-3 과압안전장치 가스방출관 설치

- 방출관의 방출구 : 지면으로부터 5[m] 이상
- 전기시설물과의 접촉 등으로 사고의 우려가 있는 장소 : 3[m] 이상

1-4 가스누출 경보기 기능

- 가스누출을 검지하여 그 농도를 지시함과 동시에 경보가 울리는 것으로 한다.
- 가스농도(폭발하한계의 4분의 1 이하)에서 60초 이내에 경보가 울리는 것으로 한다.
- 경보가 울린 후에는 주위의 가스농도가 변화되어도 계속 경보가 울리도록 한다.
- 담배연기 등 잡가스에 경보가 울리지 아니하는 것으로 한다.

1-5 가스누출 경보기 설치 장소

검지부 설치장소는 정압기실 중 가스가 누출하기 쉬운 설비가 설치되어 있는 장소의 주위로서 누출한 가스가 체류하기 쉬운 곳으로 한다.

1-6 가스누출 경보기 설치 개수

바닥면 둘레 20[m]에 대하여 1개 이상

1-7 정압기 분해 점검

- 정압기는 설치 후 2년에 1회 이상 분해점검을 실시하고, 필터는 가스공급 개시 후 1개월 이내 및 가스공급 개시 후 매년 1회 이상 분해점검을 실시하고, 1주일에 1회 이상 작동상황을 점검한다.
- 가스누출 경보기 : 1주일에 1회

27
지상 배관의 방호조치

1. 방호철판에 의한 방법

- 방호철판 두께 : 4[mm] 이상
- 방호철판은 부식방지 조치를 할 것
- 경계표지 : 방호철판 외면에 야광테이프 또는 야광페인트
- 방호철판의 크기 : 길이방향으로 80[cm] 이상
- 방호철판과 배관은 서로 접촉되지 않도록 설치

2. 강관제 구조물에 의한 방법

- 방호파이프 : 호칭지름 50[A] 이상
- 강관제 구조물은 부식방지 조치를 할 것
- 경계표지 : 강관제 구조물 외면에 야광테이프 또는 야광페인트

3. 철근콘크리트재에 의한 방법

- 철근콘크리트재 : 두께 10[cm] 이상, 높이 1[m] 이상
- 경계표지 : 철근콘크리트재 구조물 외면에 야광테이프 또는 야광페인트
- 철근콘크리트재 구조물은 건축물 외벽에 견고하게 고정 설치
- 방호구조물과 배관은 서로 접촉하지 않도록 설치

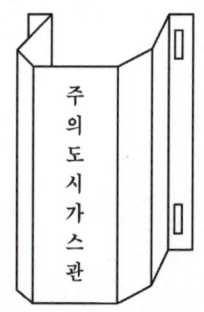
방호철판에 의한 방법

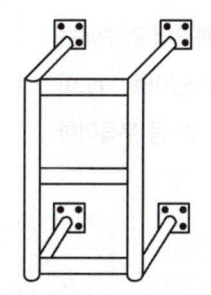
강관제 구조물에 의한 방법

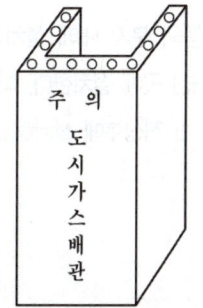
철근콘크리트재에 의한 방법

28 배관의 보호포·라인마크 및 표지판

1. 보호포의 기준

보호포는 일반형보호포와 탐지형보호포(지면에서 매설된 보호포의 설치위치를 탐지할 수 있도록 제조된 것을 말한다)로 구분하고 재질·규격 및 설치기준은 다음 각 호와 같다.

1-1 재질 및 규격

- 보호포는 폴리에틸렌수지·폴리프로필렌수지 등 잘 끊어지지 않는 재질로 직조한 것으로서 두께는 0.2[mm] 이상으로 한다.
- 보호포의 폭은 15[cm] 이상으로 한다.
- 보호포의 바탕색은 최고사용압력이 저압인 관은 황색, 중압 이상인 관은 적색으로 하고, 가스명·사용압력·공급자명 등을 표시한다.

1-2 설치기준

- 보호포는 호칭지름에 10[cm]를 더한 폭으로 설치하고, 2열 이상으로 설치할 경우 보호포 간의 간격은 보호포 넓이 이내로 한다.
- 보호포는 최고사용압력이 저압인 배관으로서 매설깊이가 1.0[m] 이상인 경우에는 배관 정상부로부터 60[cm] 이상, 매설깊이가 1.0[m] 미만인 경우에는 배관 정상부로부터 40[cm] 이상, 최고사용압력이 중압 이상인 배관의 경우에는 보호판의 상부로부터 30[cm] 이상, 공동주택 등의 부지 내에 설치하는 배관의 경우에는 배관의 정상부로부터 40[cm] 이상 떨어진 곳에 설치한다. 다만, 매설깊이를 확보할 수 없어 보호관 등을 사용한 경우에는 그 직상부에 설치하고 철도 밑 등 부득이한 경우에는 설치하지 아니할 수 있다.

2. 라인마크의 설치기준

라인마크(Line-mark)의 설치기준은 다음 각 호와 같다.

- 도로법에 의한 도로 및 공동주택 등의 부지 내 도로에 도시가스 배관을 매설하는 경우에는 라인마크를 설치하여야 한다.
- 라인마크는 배관 길이 50[m]마다 1개 이상 설치하되, 주요 분기지점·굴곡지점·관말 지점 및 그 주위 50[m] 이내에 설치하여야 한다.

　　직선방향　　　　　양 방향　　　　　삼 방향　　　　　일 방향

3. 표지판 설치기준

- 도시가스 배관을 시가지 외의 도로·산지·농지 또는 하천부지·철도부지 내에 매설하는 경우에는 표지판을 설치한다. 이때 하천부지·철도부지를 횡단하여 배관을 매설하는 경우에는 양편에 표지판을 설치한다.
- 표지판은 배관을 따라 200[m] 간격으로 1개 이상을 설치하되, 교통 등의 장애가 없는 장소를 선택하여 일반인이 쉽게 볼 수 있도록 설치한다.
- 표지판의 가로 치수는 200[mm], 세로 치수는 150[mm] 이상의 직사각형으로 하고, 황색바탕에 검정색 글씨로 도시가스 배관임을 알리는 뜻과 연락처 등을 표기한다.

4. 비파괴 검사

- 비파괴 검사의 종류 : 음향검사, 자분검사, 방사선검사, 초음파검사
- 비파괴 검사 중 내부결함 검사가 가능한 항목 : 방사선검사, 초음파검사

5. 역화

- 정의 : 가스의 유출속도가 연소속도보다 낮아 연소기 내부에서 연소하는 현상
- 원인 : 염공이 클 때, 가스의 분출압력이 낮을 때, 버너 과열 시 콕크에 먼지 부착 시

6. 선화(Lifting)

- 정의 : 가스의 유출속도가 연소속도보다 빨라 염공을 떠나 연소하는 현상
- 원인 : 염공이 적을 때, 가스의 유출압력이 높을 때, 노즐구경이 작을 때

7. 폭굉

가스 중 음속보다 화염전파속도가 큰 경우로 파면선단에 압력파가 발생하여 격렬한 파괴작용을 일으키는 원인

7-1 폭굉 유도거리

최초의 완만한 연소가 격렬한 폭굉으로 발전하는 거리

7-2 폭굉 유도거리가 짧아지는 조건

- 정상 연소속도가 큰 혼합가스일수록
- 압력이 높을수록
- 관 속에 방해물이 있거나 관경이 가늘수록
- 점화원의 에너지가 클수록

> **기출문제**
> 가스 중 음속보다 화염전파속도가 큰 경우를 뜻하는 용어를 쓰시오.
> [2023년 2회 11번]
>
> 정답 : 폭굉

8. 연소방식

8-1 가스기구 연소방식의 종류

밀폐형, 반밀폐형, 개방형

8-2 공기혼합방식에 의한 연소방식의 종류

- 적화식, 분젠식, 세미분젠식, 전1차공기식
- 2차공기만으로 취하는 방식 : 적화식

29 전기방식의 종류

전기방식법(희생양극법, 외부전원법, 강제배류법, 선택배류법)

1. 희생양극법

지중 또는 수중에 설치된 양극 금속과 매설배관을 전선으로 연결해 양극 금속과 매설배관 사이의 전지작용으로 부식을 방지하는 방법

1-1 희생양극법의 장점

- 시공이 간단하다.
- 타 매설물의 간섭이 없다.
- 단거리 배관에 경제적이다.
- 과방식의 우려가 없다.
- 전원이 불필요하다.
- 유지관리비가 저렴하다.

1-2 희생양극법의 단점

- 효과범위가 좁다.
- 전류 조절이 가능하다.
- 강한 전식에는 효과가 없다.
- 양극의 보충이 필요하다.

2. 외부전원법

지중 및 수중에 설치하는 강 배관 및 저장탱크 외면에 전류를 유입시켜 양극 반응을 제거함으로써 배관의 전기적 부식을 방지하는 방법

지하 매설 도시가스 배관에 이온화 경향이 강한 금속을 전기적으로 연결해서 배관은 음극이 되도록 하는 전기방식법의 명칭을 쓰시오.

[2022년 4회 6번]

정답 : 희생양극법

2-1 외부전원법의 장점

- 전기방식의 효과범위가 넓다.
- 장거리 배관에 경제적이다.
- 강한 전식에 대한 방식이 가능하다.
- 전압, 전류 조정이 가능하다.

2-3 외부전원법의 단점

- 교류 전원이 필요하다.
- 비용이 많이 든다.
- 과방식의 우려가 있다.

3. 강제배류법

외부전원법과 선택배류법의 중간 형태로 레일에서 멀리 떨어져 있는 경우, 외부 전원장치로 가까운 경우 전기방식하는 방법

3-1 강제배류법의 장점

- 전기방식의 효과범위가 넓다.
- 전압, 전류 조정이 가능하다.
- 전철의 운휴에도 방식이 가능하다.
- 대용량의 외부전원법보다는 경제적이다.

3-2 강제배류법의 단점

- 타 매설물의 장애가 있다.
- 과방식의 우려가 있다.
- 전원이 필요하다.
- 전철의 신호장애에 의한 검토가 필요하다.

4. 선택배류법

직류 전철에서 누설되는 전류에 의한 전식을 방지하기 위해 배관의 직류전원의 음극선을 레일에 연결하여 전기부식을 억제하는 방법

4-1 선택배류법의 장점

- 전철의 전류로 인한 비용이 절감된다.
- 시공비가 저렴하다.
- 전철의 위치에 따라 효과범위가 넓다.

4-2 선택배류법의 단점

- 타 매설물의 간섭이 있다.
- 과방식의 우려가 있다.
- 전철운행 중지 시는 효과가 없다.

30 방폭구조

폭발을 방지할 수 있는 구조를 말하는 것으로 가연성 가스는 모두 방폭구조로 되어 있다. 그러나 암모니아(NH_3), 브롬화메탄(CH_3Br)은 가연성 가스이지만 위험성이 작기 때문에 방폭구조로 하지 않아도 된다.

1. d : 내압 방폭구조(Flame Proof Enclosure)

용기 내부에서 폭발성 가스 또는 증기가 폭발하였을 때, 용기가 그 압력을 견디며 또한 접합면, 개구부 등을 통해서 외부의 폭발성 가스, 증기에 인화되지 않도록 한 구조 폭발 봉쇄방식 : 스위치기어, 모터, 펌프류에 사용

2. p : 압력 방폭구조(Pressurized Enclosure)

용기 내부에 보호가스(신선한 공기 or 불활성 가스)의 압력을 외부 환경보다 높게 유지함으로써 용기 내부로 폭발성 가스, 증기가 유입하지 않도록 된 구조 격리 방식 : 조정실, 판넬, 모터, 분석기 류에 사용

3. o : 유입 방폭구조(Oil Immersed Enclosure)

전기불꽃, 아크 또는 고온이 발생하는 부분을 기름 속에 넣고, 기름면 위에 존재하는 폭발성 가스, 증기에 인화되지 않도록 한 구조 격리 방식 : 변압기, 스위치, 기어류에 사용

4. e : 안전증 방폭구조(Increased Safety Enclosure)

정상운전 중에 폭발성 가스 또는 증기에 점화 원인이 될 전기불꽃, 아크 또는 고온 부분 등이 발생하지 않도록 하기 위하여, 기계적, 전기적, 구조적 또는 온도 상승에 대해서 특히 안전도를 증가시킨 구조 기계적 안전도 증가 방식 : 모터, 등기구, Fitting, Box류에 사용

5. ia, ib : 본질안전 방폭구조(Intrinsically Safe Enclosure)

폭발 분위기에 노출되어 있는 기계, 기구 내의 전기에너지 권섭 상호작용에 의한 전기불꽃 또는 열 영향을 점화에너지 이하의 수준까지 제한하는 것을 기반으로 하는 방폭구조

6. s : 특수 방폭구조(Special Enclosure)

위에 표기한 구조 이외의 방폭구조로 폭발성 가스 또는 증기에 점화물 또는 위험한 분위기로 인화를 방지할 수 있는 것이 시험을 통해 확인된 특수 구조 : Gas Detector류에 사용

31
액화가스

1. 수송방법

용기에 의한 수송, 탱크로리에 의한 수송, 철도차량에 의한 수송, 유조선에 의한 수송

2. 이송방법

차압에 의한 방법, 압축기에 의한 방법, 균압관이 있는 펌프방법, 균압관이 없는 펌프방식

3. 액화가스 이송 시 압축기를 이용한 방법

3-1 장점

- 충전시간이 짧다.
- 잔가스 회수가 용이하다.
- 베이퍼 록의 우려가 없다.

3-2 단점

- 재액화 우려가 있다.
- 드레인 우려가 있다.

기출문제

고압가스 및 액화가스를 장거리로 이송하는 방법 2가지만 쓰시오.
[2023년 3회 11번]

정답 : 선박이송, 탱크로리이송, 철도이송

4. 액화가스 이송 시 펌프를 이용한 방법

4-1 장점

- 재액화 우려가 없다.
- 드레인 우려가 없다.

4-2 단점

- 충전시간이 길다.
- 잔가스 회수가 불가능하다.
- 베이퍼 록의 우려가 있다.

5. 압력손실

5-1 마찰저항(직선배관)에 의한 손실

$$H = \frac{Q^2 \cdot S \cdot L}{K^2 \cdot D^5}$$

- Q : 가스의 유량[m³/h]
- D : 관 안지름[cm]
- H : 압력손실[mmH₂O]
- S : 가스의 비중
- L : 관의 길이[m]
- K : 유량계수(폴의 상수 : 0.707)

- 유량의 제곱에 비례
- 관 길이에 비례
- 관 내면의 거칠기에 비례
- 관 내경의 5승에 반비례

5-2 입상배관에 의한 손실

$$h = 1.293(S-1)H$$

5-3 밸브, 안전밸브에 의한 손실

5-4 가스계량기에 의한 손실

PART 02

필수암기
공식정리

필수암기 공식정리

1. 절대압력

- 절대압력 = 대기압 + 게이지압력
- 절대압력 = 대기압 - 진공압

2. 보일 - 샤를의 법칙

$$\frac{PV}{T} = \frac{P'V'}{T'}$$

- P, V, T : 처음 압력, 부피, 온도
- P', V', T' : 나중 압력, 부피, 온도

3. 이상기체상태 방정식

$$PV = nRT = \frac{w}{M}RT$$

$$R = \frac{PV}{nT} = \frac{1[\text{atm}] \times 22.4[\text{L}]}{1[\text{mol}] \times 273[\text{K}]}$$

$$= 0.082 [l \cdot \text{atm/mol} \cdot \text{K}]$$

- P : 압력[atm]
- V : 부피[l]
- n : 몰수[mol]
- R : 기체상수[$l \cdot$ atm/mol $\cdot$ K]
- T : 절대온도[K]
- M : 기체의 분자량
- w : 기체의 질량[g]

4. 가스밀도, 비체적 비중

- 밀도 = $\frac{M}{22.4}$ [g/L, kg/m^3]
  - M : 분자량
- 비체적 = $\frac{22.4}{M}$ [L/g, m^3/kg]
- 가스비중 = $\frac{M}{29}$

5. 열효율(η)

$$\eta = \frac{G \times C \times \Delta T}{W \times Q}$$

- G : 질량[kg]
- C : 비열[kcal/kg℃]
- Δ : 온도차[℃]
- W : 연료소비량[kg]
- Q : 연료발열량[kcal/kg]

6. 돌턴의 분압법칙

$$P = P_1 + P_2 + P_3 + \cdots$$

- P : 전압
- P_1, P_2, P_3 : 각 단독 성분의 분압

※ 혼합기체가 나타나는 전압은 각 단독성분의 분압의 합과 같다.

- 분압 = 전압 $\times \frac{\text{성분부피}}{\text{전체부피}}$
- 분압 = 전압 $\times \frac{\text{성분몰수}}{\text{전체몰수}}$

$$P = \frac{P_1 V_1 + P_2 V_2}{V}$$

$\begin{bmatrix} P : \text{전압} \\ V : \text{전부피} \\ P_1,\ P_2 : \text{성분압력} \\ V_1,\ V_2 : \text{성분부피} \end{bmatrix}$

7. 르·샤틀리에 공식

$$\frac{100}{L} = \frac{V_1}{L_1} + \frac{V_2}{L_2} + \frac{V_3}{L_3} + \cdots$$

$\begin{bmatrix} L : \text{혼합가스의 하한 또는 상한} \\ L_1,\ L_2,\ L_3 : \text{단독 성분의 하한이나 상한} \\ V_1,\ V_2,\ V_3 : \text{단독 성분의 부피[\%]} \end{bmatrix}$

8. 저장능력 산정기준

- 압축가스 : $Q = (P+1)V$

$\begin{bmatrix} Q : \text{저장능력[m}^3\text{]} \\ P : \text{충전압력[kg/cm}^2\text{]} \\ V : \text{내용적[m}^3\text{]} \end{bmatrix}$

- 액화가스의 용기 : $w = \dfrac{V_2}{C}$

$\begin{bmatrix} w : \text{저장능력[kg]} \\ V_2 : \text{내용적[}l\text{]} \\ C : \text{충전상수} \end{bmatrix}$

- 액화가스 탱크 : $w = 0.9 d V_2$

$\begin{bmatrix} w : \text{저장능력[kg]} \\ d : \text{액비중[kg/}l\text{]} \end{bmatrix}$

9. 다공도

다공도 = $\dfrac{V-E}{V} \times 100[\%]$

$\begin{bmatrix} V : \text{다공물질의 용적[m}^3\text{]} \\ E : \text{침윤 잔용적[m}^3\text{]} \end{bmatrix}$

10. $H = \dfrac{U-L}{L}$

$\begin{bmatrix} H : \text{위험도} \\ U : \text{폭발범위 상한} \\ L : \text{폭발범위 하한} \end{bmatrix}$

11. 웨베지수

$$WI = \frac{H_g}{\sqrt{d}}$$

$\begin{bmatrix} WI : \text{웨베지수} \\ H_g : \text{도시가스의 발열량[kcal/m}^3\text{]} \\ d : \text{가스의 비중} \end{bmatrix}$

12. 영구 증가율

영구증가율 = $\dfrac{\text{항구증가량}}{\text{전증가량}} \times 100$

신규 용기에 대한 내압시험 시 영구증가율 10% 이하가 합격기준

13. 펌프의 소요동력

- $PS = \dfrac{r \times Q \times H}{75\eta}$

- $kW = \dfrac{r \times Q \times H}{102\eta}$

$\begin{bmatrix} r : \text{비중량[kg/m}^3\text{]} \\ Q : \text{유량[m}^3\text{/sec]} \\ H : \text{양정[m]} \\ \eta : \text{효율[}\eta < 1\text{]} \end{bmatrix}$

14. 입상배관에 의한 압력손실

$$h = 1.293(S-1)H$$

$\begin{bmatrix} h : \text{가스의 압력손실[mmH}_2\text{O]} \\ S : \text{가스비중} \\ H : \text{입상높이[m]} \end{bmatrix}$

15. 냉동기의 성적계수

$$= \frac{Q_2}{AW} = \frac{T_2}{T_1 - T_2} = \frac{Q_2}{Q_1 - Q_2}$$

열펌프의 성적계수

$$= \frac{Q_1}{AW} = \frac{T_1}{T_1 - T_2} = \frac{Q_1}{Q_1 - Q_2}$$

열효율

$$= \frac{AW}{Q_1} \times 100 = \frac{T_1 - T_2}{T_1} \times 100$$

$$= \frac{Q_1 - Q_2}{Q_1} \times 100$$

- T_1 : 고온[°K] T_1 : 저온[°K]
- T_1, Q_1 : 응축 절대온도, 응축기 방출열량
- T_2, Q_2 : 증발 절대온도, 증발기 흡수열량

16. 도시가스 월사용 예정량 산정

$$Q = \frac{(240 \cdot A) + (90 \cdot B)}{11,000}$$

- A : 산업용으로 사용하는 연소기의 명판에 기재된 가스소비량의 합계[kcal/h]
- B : 산업용이 아닌 연소기의 명판에 기재된 가스소비량의 합계[kcal/h]
- Q : 월 사용 예정량[m³]

17. 연소효율

- 연소효율 = $\dfrac{\text{실제발생열량}}{\text{진발열량}} \times 100$

- 연소효율 = $\dfrac{\text{발생한 열량 - 수증기의 잠열}}{\text{저발열량}} \times 100$

18. 평균분자량

M = (분자량1 × 부피) + (분자량2 × 부피)

19. 안전밸브의 최고작동압력

- 안전밸브작동압력 = 내압시험압력 × $\dfrac{8}{10}$
- 내압시험압력 = 상용압력 × 1.5

20. 산소용기의 내압시험압력

- 내압시험압력 = 최고충전압력 × $\dfrac{5}{3}$

21. 필수용기수 = $\dfrac{\text{최대소비수량}}{\text{표준가스발생능력}}$

예) 가스렌지 1대 : 0.15[kg/h]
순간온수기 1대 : 0.65[kg/h]
가스보일러 1대 : 2.50[kg/h]
표준가스발생능력 : 1.5[kg/h]

$$= \frac{(0.15 \times 1) + (0.65 \times 1) + (2.5 \times 1)}{1.5}$$

22. 통풍구 면적

통풍구 면적 = 바닥 면적[m²] × 300[cm²]

※ 환기구(통풍구) 크기는 바닥면적 1[m²]마다 300[cm²]의 비율(1개소 면적은 2,400[cm²] 이하로 한다)

23. 저장탱크 상호 간 유지거리

- 지하매설 : 1[m] 이상
- 지상설치 : 두 저장탱크 최대지름을 합산한 길이의 4분의 1 이상에 해당하는 거리(4분의 1이 1[m] 미만인 경우 1[m] 이상의 거리)

$$L = \frac{D_1 + D_2}{4}$$

PART 03

실기[필답형] 유형별 기초 예상문제

01 　이론문제
02 　계산문제

※ 2021년부터 가스기능사 실기 시험이 필답형(12문항)과 작업형(12문항) 각 50점 배점으로 변경되었습니다.

실기[필답형] 유형별 기초 예상문제

이론문제

유형 01 고압가스 제조

01
특수고압가스의 종류 5가지를 나열하시오.

> 문제에 해당하는 핵심 키워드를 적어보세요.

압축모노실란, 압축디보레인, 액화알진, 포스핀, 세렌화수소, 게르만, 디실란

02
다음은 가스를 액화시키는 조건이다. 빈칸을 채우시오.

기체를 액화시키기 위해서는 온도를 (①) 이하로 하고 압력은 (②) 이상 가해주어야 액화할 수 있다.

> 문제에 해당하는 핵심 키워드를 적어보세요.

① 임계온도
② 임계압력

03
다음 물음에 답하시오.

가연성 가스를 압축하는 압축기와 충전용 주관과의 사이, 아세틸렌을 압축하는 압축기의 유분리기와 고압건조기와의 사이, 암모니아 또는 메탄올의 합성탑 및 정제탑과 압축기와의 사이 배관에 설치하는 장치를 쓰시오.

> 문제에 해당하는 핵심 키워드를 적어보세요.

역류방지밸브

04

내압시험압력 및 기밀시험압력의 기준이 되는 압력으로서 사용상태에서 해당설비 등의 각부에 작용하는 최고사용압력을 무엇이라 하는지 쓰시오.

상용압력

05

독성가스에 대한 다음 물음에 답하시오.

가. 독성가스란 공기 중에 일정량 이상 존재하는 경우 인체에 유해한 독성을 가진 가스이다. 허용농도의 기준은 얼마인가?
나. 독성가스의 허용농도 "LC50"의 의미를 설명하시오.

가. 허용농도 : 100만분의 5,000 이하(5,000[ppm] 이하)
나. 해당 가스를 성숙한 흰쥐 집단에게 대기 중에서 1시간 동안 계속하여 노출시킨 경우, 14일 이내에 그 흰쥐의 2분의 1 이상이 죽게 되는 가스의 농도

06

고압가스설비 구조상 물로 실시하는 내압시험이 곤란하여 공기, 질소 등의 기체로 내압시험을 실시하는 경우 내압시험압력은 상용압력의 몇 배 이상 실시하여 이상이 없어야 하는지 쓰시오.

1.25배

07

다음 ( ) 안에 알맞은 단어 또는 수치를 쓰시오.

배관은 상용압력의 (①)배 이상의 압력으로 (②)을 실시하여 이상이 없는 것으로 한다.

① 1.5
② 내압시험

08

가스 제조공정 중 접촉 개질법(수증기 개질법)의 종류 3가지를 쓰시오.

고압수증기 프로세스, 중온수증기 프로세스, 저온수증기 프로세스, 사이클링 프로세스

유형 02　연소 및 폭발

01

연소의 3요소를 쓰시오.

> 문제에 해당하는 핵심 키워드를 적어보세요.

가연 물질, 산소공급원, 점화원

02

발화에 대한 다음 물음에 답하시오.

가. 발화요인 4가지를 쓰시오.
나. 자연발화를 일으킬 수 있는 경우 4가지를 쓰시오.

> 문제에 해당하는 핵심 키워드를 적어보세요.

가. 온도, 조성, 압력, 용기의 크기
나. 분해열에 의한 발열, 산화열에 의한 발열, 중합열에 의한 발열, 흡착열에 의한 발열, 미생물에 의한 발열

03

다음의 조건일 때, 가연성 가스의 폭발범위가 어떻게 변화되는지 설명하시오.

가. 온도가 증가할 때
나. 압력이 증가할 때
다. 산소농도가 증가할 때

> 문제에 해당하는 핵심 키워드를 적어보세요.

가. 넓어진다.
나. 넓어진다(단, 수소와 일산화탄소는 제외).
다. 넓어진다.

04

다음 폭발범위에 대한 물음에 답하시오.

가. 압력을 상승시키면 폭발범위가 좁아지는 가스 명칭 2가지를 쓰시오.
나. 건조한 공기 중에서보다 습기가 있는 공기 중에서 폭발범위가 넓어지는 가스의 명칭을 쓰시오.

> 문제에 해당하는 핵심 키워드를 적어보세요.

가. 수소, 일산화탄소
나. 일산화탄소

05

다음은 폭굉에 관한 설명이다. 빈칸에 알맞은 내용을 쓰시오.

> '폭굉'이란 가스 중에 (①)보다도 화염 전파속도가 큰 경우로 선단에 충격파라고 하는 솟구치는 (②)가 생겨 격렬한 (③)작용을 일으키는 현상을 말한다.

① 음속
② 압력파
③ 파괴

06

폭굉성 가스의 폭굉 유도거리(DID)가 짧아질 수 있는 조건 4가지를 쓰시오.

- 정상 연소속도가 큰 혼합가스일수록
- 관 속에 방해물이 있거나 관경이 가늘수록
- 압력이 높을수록
- 점화원의 에너지가 클수록

07

가연성 가스란 공기 중에서 연소하는 가스이다. 폭발한계값의 기준을 설명하시오.

폭발한계의 하한이 10[%] 이하인 것과 폭발한계의 상한과 하한의 차가 20[%] 이상인 것을 말한다.

08

폭굉 유도거리(DID)에 대하여 설명하시오.

최초의 완만한 연소로부터 격렬한 폭굉으로 발전할 때까지의 거리

유형 03 폭발 위험지역 관리

01

전기시설물의 방폭구조에 아래와 같은 표시가 있었다. 다음 물음에 답하시오.

```
       ┌─────────┐
       │   EXe   │
       └─────────┘
```

가. 방폭구조의 명칭을 쓰시오.
나. 방폭구조에 대하여 설명하시오.

> 문제에 해당하는 핵심 키워드를 적어보세요.

가. 안전증 방폭구조
나. 정상운전 중에 가연성 가스의 점화원이 될 전기불꽃아크 또는 고온 부분 등의 발생을 방지하기 위해 기계적, 전기적 구조상 온도상승에 대해 특히 안전도를 증가시킨 구조이다.

02

폭발 범위 측정 시 최대안전틈새의 정의를 설명하시오.

> 문제에 해당하는 핵심 키워드를 적어보세요.

최대안전틈새는 내용적이 8[L]이고 틈새 깊이가 25[mm]인 표준용기 안에서 가스가 폭발할 때 발생한 화염이 용기 밖으로 전파하여 가연성 가스에 점화되지 않는 최대값

03

위험장소 분류에서 0종 장소에 사용하여야 하는 방폭구조의 종류가 무엇인지 쓰시오.

> 문제에 해당하는 핵심 키워드를 적어보세요.

본질안전 방폭구조

04

가연성 가스의 제조설비, 저장설비의 전기설비는 방폭성능을 가지는 것을 설치하여야 한다. 전기 불꽃에 의한 폭발을 방지하기 위한 방폭구조 2가지를 쓰시오.

> 문제에 해당하는 핵심 키워드를 적어보세요.

유입 방폭구조, 안전증 방폭구조, 본질안전 방폭구조

05

가스설비 주위에 가연성 가스가 체류할 우려가 있는 장소의 전기설비는 방폭구조로 해야 한다. 전기설비의 방폭구조 종류 4가지를 쓰고 기호로 표시하시오.

- 내압 방폭구조 : d
- 압력 방폭구조 : p
- 안전증 방폭구조 : e
- 유입 방폭구조 : o
- 본질안전 방폭구조 : ia, ib
- 특수 방폭구조 : s

06

폭발성 가스 분위기가 연속적으로, 장기간 또는 빈번하게 존재하는 장소는 위험장소 분류에서 몇 종 장소에 해당하는지 쓰시오.

0종 장소

07

1종 장소란 상용상태에서 가연성 가스가 체류하여 위험하게 될 우려가 있는 장소 및 정비보수 또는 누출 등으로 인하여 위험하게 될 우려가 있는 장소를 말한다. 0종 장소의 정의를 쓰시오.

폭발성 가스 분위기가 연속적으로, 장기간 또는 빈번하게 존재하는 장소를 말한다.

08

가연성 가스가 폭발할 위험이 있는 농도에 도달할 우려가 있는 장소를 위험장소라 한다. 위험장소 중 0종 장소와 1종 장소를 각각 설명하시오.

- 0종 장소
  폭발성 가스 분위기가 연속적으로, 장기간 또는 빈번하게 존재하는 장소
- 1종 장소
  정상 작동 중에 폭발성 가스 분위기가 주기적 또는 간헐적으로 생성되기 쉬운 장소

09

가연성 가스의 제조 또는 저장설비의 위험장소 안에 있는 전기설비에는 그 전기설비가 누출된 가스의 점화원이 되는 것을 방지하기 위하여 방폭성능을 갖춘 설비를 설치하여야 한다. 제외 대상 가스 2가지를 쓰시오.

암모니아(NH_3), 브롬화메탄(CH_3Br)

10

다음에서 설명하는 방폭구조의 명칭을 쓰시오.

가. 기기 내부에 가연성 가스의 폭발이 발생할 경우 그 용기가 폭발 압력에 견딜 수 있는 구조
나. 내부에 보호가스(불활성 가스)를 압입하여 내부압력을 유지함으로써 가연성 가스가 내부로 유입되지 아니하도록 한 구조
다. 내부에 기름을 주입하여 불꽃, 아크 또는 고온발생 부분이 기름 속에 잠기게 함으로써 기름면 위에 존재하는 가연성 가스에 인화되지 아니하도록 한 구조
라. 정상 운전 중에 가연성 가스의 점화원이 될 전기 불꽃, 아크 또는 고온부분 등의 발생을 방지하여 기계적, 전기적 구조상 또는 온도상승에 대하여 특히 안전도를 증가시킨 구조
마. 정상 및 사고(단선, 단락, 지락 등) 시에 발생하는 전기 불꽃, 아크 또는 고온부에 의하여 가연성 가스가 점화되지 않는 것이 점화시험 기타 방법에 의하여 확인된 방폭구조

가. 내압 방폭구조
나. 압력 방폭구조
다. 유입 방폭구조
라. 안전증 방폭구조
마. 본질안전 방폭구조

유형 04 공기액화 분리장치

01

공기액화 분리장치의 폭발원인 4가지를 설명하시오.

> 문제에 해당하는 핵심 키워드를 적어보세요.

- 공기 취입구로부터 C_2H_2 혼입
- 압축기용 윤활유 분해에 따른 탄화수소 생성
- 액체공기 중 O_3의 혼입
- 공기 중 질소 화합물의 혼입

02

공기액화 분리장치에서 CO_2를 제거하는 이유와 반응식을 쓰시오.

가. 이유

나. 반응식

> 문제에 해당하는 핵심 키워드를 적어보세요.

가. CO_2는 드라이아이스가 되어 배관이나 밸브를 폐쇄시킨다.

나. $2NaOH + CO_2 \rightarrow Na_2CO_3 + H_2O$
  (CO_2 흡수탑에서 가성소다(NaOH)를 이용하여 제거)

03

다음 물음에 답하시오.

> 가. 공기액화 분리장치에서 공기를 냉각 액화하면 산소와 질소 중 어느 것이 먼저 액화하는가?
>
> 나. 액체공기를 대기 중에 방치하면 산소와 질소 중 어느 것이 먼저 기화하는가?

> 문제에 해당하는 핵심 키워드를 적어보세요.

가. 산소

나. 질소

※ 산소는 끓는점이 더 높아 더 빨리 액화된다.
  산소 끓는점 : -183도
※ 질소는 끓는점이 더 낮아 더 빨리 기화된다.
  질소 끓는점 : -196도

유형 05 고압가스 운반

01

고압가스 충전용기 제작기술이 발달하여 용기가 차츰 대형화되고 있다. 다음 가스의 안전관리법규상 고정된 용기의 운반기준에서 용기의 운반 최고 내용적은 얼마인지 쓰시오 (단, 철도차량은 제외한다).

가스 명칭	내용적[L]
가연성 가스(액화석유가스 제외) 및 산소	①
독성가스(액화암모니아 제외)	②

> 문제에 해당하는 핵심 키워드를 적어보세요.

① 18,000[L]
② 12,000[L]

02

운반책임자 동승기준이다. 빈칸을 채우시오.

구분	가스의 종류	기준
압축가스	가연성 가스	①
	조연성 가스	600[m³] 이상
액화가스	가연성 가스	②
	조연성 가스	6,000[kg] 이상

> 문제에 해당하는 핵심 키워드를 적어보세요.

① 300[m³] 이상
② 3,000[kg] 이상

03

차량용 탱크로리로 산소를 운반할 경우 휴대해야 하는 소화약제의 종류와 소화기의 능력 단위를 각각 쓰시오.

가. 소화약제의 종류
나. 소화기의 능력 단위

> 문제에 해당하는 핵심 키워드를 적어보세요.

가. 분말소화제
나. BC용 B-8 이상, ABC용 B-10 이상

유형 06 강의 성질

01
금속을 가열 후 냉각시킬 때 열처리의 종류 5가지를 쓰시오.

풀림, 불림, 뜨임, 담금질, 심냉처리

02
다음 각각에 해당하는 용어를 쓰시오.

가. 강의 적당한 경도를 얻기 위하여 가열 후 급랭시키는 조작
나. 강의 내부에 생긴 응력을 제거, 결정조직을 균일하게 하기 위한 처리방법

가. 담금질
나. 풀림

유형 07 부식 / 전기방식법

01
다음 ( ) 안에 알맞은 말을 쓰시오.

모래와 점토 사이에 걸쳐서 배관 공사를 했을 때 점토 중의 관이 부식된다. 마찬가지로 건습의 차, 통기성의 차 등의 이유로 부식이 된다. 이들은 어느 것이든 흙 속, 수분 중의 (①) 농도 차에 기인하는 것으로 이를 (②)부식이라 한다.

① 산소
② 산소농염전지

02
다음 설명에 부합되는 전기방식법의 종류는 무엇인지 쓰시오.

장치의 양극(+)은 매설 배관 등이 설치되어 있는 토양이나 수중에 설치한 외부전원용 전극에 접속하고 음극(−)은 매설 배관 등에 접속시켜 전기적 부식을 방지하는 방법을 말한다.

외부전원법

03

다음 설명에 해당하는 전기방식법의 종류는 무엇인지 쓰시오.

> 가. 피방식체보다 저전위 금속을 피방식체에 직접 또는 도선으로 연결시키면 양금속 간에 전지반응이 형성되고 저전위 금속에서 금속이온이 용출되며 피방식체로 전류가 흘러 저전위 금속은 피방식체 대신 희생적으로 소모되어 피방식체의 부식이 정지되게 하는 방식법
> 나. 전철의 누설전류가 유출되는 지역에 선택배류기를 연결, 유입전류를 배류기를 통하여 보내줌으로써 배관을 방식하는 방법 (전철 선로 가까운 곳에 설치하는 배관의 전기방식법)

문제에 해당하는 핵심 키워드를 적어보세요.

가. 희생양극법
나. 선택배류법

04

다음은 전기방식의 종류들이다. 각각의 장점, 단점을 2가지씩 쓰시오.

> 가. 선택배류법
> 나. 유전양극법

문제에 해당하는 핵심 키워드를 적어보세요.

가. • 장점 : - 유지비가 적다.
　　　　　- 비교적 값이 저렴하다.
　　　　　- 전철과의 관계 위치에 따라서는 매우 효과적이다.
　　　　　- 전철 운행 시에는 자연부식의 방지도 된다.
　　• 단점 : - 타 매설물의 간섭이 있다.
　　　　　- 과방식의 우려가 있다.
　　　　　- 전철운행 중지 시는 효과가 없다.
나. • 장점 : - 간편하다.
　　　　　- 단거리 배관에 가격이 저렴하다.
　　　　　- 과방식의 우려가 없다.
　　• 단점 : - 효과범위가 비교적 적다.
　　　　　- 장거리 배관에 가격이 고가이다.
　　　　　- 전류조절이 곤란하다.
　　　　　- 평상시 관리장소가 많아진다.

05

전기방식의 정의와 종류를 4가지 쓰시오.

가. 정의
나. 종류

가. 배관의 외면에 전류를 유입시켜 양극 반응을 저지하여 전기적 부식을 방지하는 방법
나. • 유전양극법
  • 외부전원법
  • 선택배류법
  • 강제배류법

06

다음 조건에서 부식속도가 어떻게 변화하는지 크다, 적다로 답하시오.

> 가. 전기저항이 적을수록
> 나. 수분이 많고, 통기가 불량할 때
> 다. 통기성이 좋을 때

가. 적다.
나. 크다.
다. 적다.

07

지하에 매설한 철관은 철의 녹에 의한 부식 외에도 철관을 둘러싸고 있는 주위환경과의 사이에서 발생되는 전기 화학적 반응으로 강관이 부식되는데, 이러한 반응을 방지하는 방법 4가지를 쓰시오.

• 다른 종류의 금속 간의 접촉을 피한다.
• 금속을 피복한다.
• 금속표면을 균일화시킨다.
• 전기 화학적 방식을 한다.
• 부식 환경을 처리한다.

08

직류 전철 등에 의한 누출전류의 영향을 받는 배관에 적합한 전기방식법의 명칭과 전위측정용 터미널 설치간격은 얼마인지 쓰시오.

가. 명칭
나. 전위측정용 터미널 설치간격

가. 배류법
나. 300[m] 이내(희생양극법, 배류법 : 300[m] 이내, 외부전원법 : 500[m] 이내)

09

도시가스 배관의 전기방식 기준에서 전류가 흐르는 상태일 때 토양중에 있는 고압가스시설의 방식 전위는 포화황산동 기준전극으로 한다. 다음 물음에 답하시오.

> 가. 방식 전위 상한값은 몇 [V]인가?
> 나. 방식 전위 하한값은 몇 [V]인가?
> 다. 자연 전위와의 전위 변화값은 최소한 몇 [mV]인가?

문제에 해당하는 핵심 키워드를 적어보세요.

가. -0.85[V]
나. -2.5[V]
다. -300[mV]

10

강관에 아연(Zn)을 도금하는 방식은 무슨 원리인지 쓰시오.

문제에 해당하는 핵심 키워드를 적어보세요.

피복에 의한 방식

유형 08 비파괴 검사

01

비파괴 검사 중 침투법(PT)의 원리와 장점, 단점을 간단히 쓰시오.

문제에 해당하는 핵심 키워드를 적어보세요.

- 원리 : 표면장력이 작고 침투성이 좋은 액을 투입한 다음, 표면에 부착된 침투액을 씻은 후 현상액을 뿌려 흠 속에 남아 있는 침투액을 빨아내는 원리
- 장점 : 표면에 생긴 미세한 결함 검출
- 단점 : 내부 결함 검출은 불가능

02

C_2H_2 용기를 충전함에 앞서 음향검사를 하는 이유가 무엇인지 쓰시오.

문제에 해당하는 핵심 키워드를 적어보세요.

- 용기 내 이물질 존재여부 확인
- 용제 침윤상태 확인
- 다공물질의 다공도 확인

03

간단한 공구를 이용하여 충전용기를 두드려 소리를 듣고 결함 유무를 판단하는 비파괴 검사의 명칭은 무엇인지 쓰시오.

음향방출검사

04

배관 또는 저장탱크 등의 용접부의 균열 발생부분을 검사하는 비파괴 검사법의 종류 4가지를 쓰시오.

음향방출검사, 침투탐상검사, 초음파탐상검사, 방사선투과검사, 자분탐상검사, 와류탐상검사

05

도시가스 배관 등의 용접부에 대하여 방사선 투과시험을 실시하기 곤란한 곳에 대처할 수 있는 비파괴 검사의 종류 2가지를 쓰시오.

초음파탐상검사, 자분탐상검사

06

가스배관 등 가스설비를 시공한 후 용접부에 비파괴 검사를 할 때 가장 신뢰성이 있는 검사법은 무엇인지 쓰시오.

방사선투과검사

07

도시가스 배관의 접합부분은 용접시공이 원칙이며, 시공 후 용접부에 대하여 비파괴시험을 실시하여 이상이 없어야 한다. 비파괴시험을 제외하는 배관 3가지를 쓰시오.

- 가스용 폴리에틸렌관
- 저압으로 노출된 사용자 공급관
- 관 지름 80[mm] 미만인 저압의 매설배관

유형 09 중요가스 성질

01

가스의 종류를 상태에 따라 3가지로 구분하고 설명하시오.

> 문제에 해당하는 핵심 키워드를 적어보세요.

- 압축가스 : 비등점이 극히 낮거나 임계온도가 낮아 상온에서 압력을 가해도 액화되지 않는 가스로서 일정한 압력에 의하여 압축되어 있는 가스
- 액화가스 : 가압, 냉각에 의하여 액체 상태로 되어 있는 것으로서 대기압에서 비점이 40[℃] 이하 또는 상용의 온도 이하인 것
- 용해가스 : 아세틸렌과 같이 용제 속에 가스를 용해시켜 취급되는 고압가스

02

고압가스 안전관리법에서 정한 가연성 가스의 정의를 설명하시오.

> 문제에 해당하는 핵심 키워드를 적어보세요.

폭발하한계가 10[%] 이하이거나 폭발한계 상한과 하한의 차이가 20[%] 이상인 고압가스

03

가연성 가스의 폭발범위에 대한 압력과 온도의 영향에 대하여 설명하시오.

> 문제에 해당하는 핵심 키워드를 적어보세요.

압력과 온도가 높아지면 폭발범위 하한값은 저하하고, 상한값은 증가하여 폭발범위는 넓어진다. 수소와 일산화탄소는 압력이 높아지면 반대로 폭발범위가 좁아진다(수소는 10[atm] 이상 압력이 높아지면 다시 폭발범위가 넓어진다).

04

독성가스 허용농도 'LC50'에 대하여 설명하시오.

> 문제에 해당하는 핵심 키워드를 적어보세요.

해당 가스를 성숙한 흰쥐 집단에 대기 중에서 1시간 동안 계속하여 노출시킨 경우 14일 이내에 그 흰쥐의 1/2 이상이 죽게 되는 가스의 농도를 말한다.

05

시안화수소 안정제 종류 2가지를 쓰시오.

황산, 아황산가스

06

시안화수소에 대한 다음 물음에 답하시오.

가. 폭발범위, TLV-TWA 기준농도는 얼마인가?
나. 충전 후 보관할 수 있는 기간은 얼마인가?
다. 누설검지 시험지의 명칭과 반응색은?

가. 6 ~ 41[%], 10[ppm]
나. 60일
다. 질산구리벤젠지, 청색

07

HCN의 충전에 대한 설명이다. 다음 물음에 답하시오.

가. 순도는 얼마 이상이어야 하는가?
나. 안정제 2가지를 쓰시오.
다. 용기 충전 후 (㉠)시간 정치하고 그 후 1일 1회 이상 (㉡) 등의 시험지로 가스의 누출을 검사하고, 충전한 후 (㉢)일이 지나기 전에 다른 용기에 옮겨 충전한다.

가. 98[%]
나. 아황산가스, 황산
다. ㉠ 24, ㉡ 질산구리벤젠지, ㉢ 60

08

아세틸렌을 2.5[MPa] 압력으로 충전할 때 첨가하는 희석제의 종류 4가지를 쓰시오.

• 질소
• 메탄
• 일산화탄소
• 에틸렌

09

아세틸렌의 폭발성 종류 3가지에 대하여 설명하시오.

> 문제에 해당하는 핵심 키워드를 적어보세요.

산화폭발, 분해폭발, 화합폭발

10

다음 물음에 답하시오.

> 가. 아세틸렌 용기에 다공물질을 넣는 이유
> 나. 다공물질의 구비조건 4가지

> 문제에 해당하는 핵심 키워드를 적어보세요.

가. 아세틸렌가스가 미세한 공간으로 확산되면서 분해폭발을 일으키는 것을 방지하기 위해
나. 경제적일 것, 화학적으로 안정될 것, 고다공도일 것, 가스 충전이 쉬울 것

11

아세틸렌가스는 구리가 62[%] 이상 함유된 구리관 황동제 밸브 등의 사용을 금지하고 있다. 그 이유를 쓰시오.

> 문제에 해당하는 핵심 키워드를 적어보세요.

$2Cu + C_2H_2 \rightarrow Cu_2C_2 + H_2$
폭발성 화합물인 Cu_2C_2(동아세틸라이드)가 생성되기 때문

12

아세틸렌에 대한 다음 물음에 답하시오.

> 가. 동 및 동합금 사용을 제한하고 있는 이유와 동 및 동 함유량 제한은 얼마인가?
> 나. 폭발범위를 공기 및 산소 중에 대하여 쓰시오.

> 문제에 해당하는 핵심 키워드를 적어보세요.

가. • 폭발성 물질인 동아세틸라이드를 생성하여 약간의 충격에도 폭발의 위험성이 있기 때문
  • 동 또는 동 함유량 62[%] 초과 사용금지
나. 공기 중 2.5 ~ 81[%], 산소 중 2.5 ~ 93[%]

13

아세틸렌 충전용기에 대한 물음에 답하시오.

가. 충전용기 재료와 제조방법에 의한 분류는 무엇인가?
나. 용제의 종류 2가지를 쓰시오.

가. 탄소강, 용접용기
나. 아세톤, DMF(디메틸포름아미드)

14

아세틸렌 충전용기는 가용전식 안전밸브를 사용하는 데 용융온도는 얼마인지 쓰시오.

105±5[℃]

15

아세틸렌 제조 시 청정제의 종류 3가지를 쓰시오.

에퓨렌, 카다리솔, 리카솔

16

다음은 아세틸렌 충전에 관한 내용이다. 물음에 답하시오.

가. 다공물질의 종류 4가지를 쓰시오.
나. 다공물질의 구비조건 4가지 이상을 쓰시오.
다. 다공도는 얼마인가?

가. 규조토, 석면, 목탄, 석회, 산화철, 탄산마그네슘, 다공성 플라스틱
나. 고다공도일 것, 기계적 강도가 클 것, 가스충전이 쉽고 안전성이 있을 것, 경제적일 것, 화학적으로 안정할 것
다. 75[%] 이상 92[%] 미만

17

아세틸렌 용기의 충전물질인 다공물질의 다공도를 나타내는 식을 쓰고 그 기호를 설명하시오.

다공도 = $\dfrac{V-E}{V} \times 100$

(V : 다공물질의 용적, E : 침윤잔용적)

18

다음 ( ) 안에 알맞은 수치를 쓰시오.

아세틸렌을 용기에 충전할 때는 미리 용기에 다공물질을 고루 채워 다공도가 (①)[%] 이상 (②)[%] 미만이 되도록 충전한다.

① 75
② 92

19

다음 물음에 답하시오.

가. 법규상 다공도는 몇 [%]인가?
나. 다공도 측정 시 온도는?
다. 다공도 계산 공식을 쓰고 기호를 설명하시오.

가. 75 ~ 92[%]
나. 20[℃]
다. 다공도 = $\dfrac{V-E}{V} \times 100$
(V : 다공물질의 용적, E : 침윤잔용적)

20

다음 빈칸에 들어갈 가스 명칭을 쓰시오.

산화에틸렌을 저장탱크 또는 용기에 충전할 때는 미리 그 내부 가스를 (①) 또는 (②)로 바꾼 후에 산 또는 알칼리를 함유하지 아니하는 상태로 충전한다.

① 질소
② 탄산가스

21

아래에서 설명하는 가스의 명칭이 무엇인지 쓰시오.

- 액체상태에서는 안정하나 가스상태에서는 폭발성, 가연성 가스이다.
- 물과 반응하여 글리콜을 생성한다.
- 암모니아와 반응하여 에탄올아민을 생성하며 염산과 반응하여 에틸렌클로로히드린을 생성한다.
- 물, 알코올, 에테르, 아세톤, 메틸알콜, 벤젠 등에 용해된다.

산화에틸렌

22

'포스겐'에 대한 다음 물음에 답하시오.

가. 무슨 냄새가 나는가?
나. 포스겐의 제독제 2가지를 쓰시오.
다. 일산화탄소와 염소를 반응시킬 때 반응식과 촉매를 쓰시오.

가. 청초냄새
나. 가성소다, 소석회
다. $CO + Cl_2 \rightarrow COCl_2$, 활성탄

23

암모니아의 공업적 제조법 중 하버 보슈법의 반응식을 쓰시오.

$N_2 + 3H_2 \rightarrow 2NH_3$

24

암모니아의 공업적 제법 2가지를 쓰시오.

석회질소법, 하버 보슈법

25

수소의 제조법 중 수성 가스법의 제조 반응식을 쓰시오.

문제에 해당하는 핵심 키워드를 적어보세요.

$C + H_2O \rightarrow CO + H_2$

수성가스법은 적열된 코크스(C)에 수증기(H_2O)를 작용시켜 수소(H_2) 및 일산화탄소(CO)를 제조하는 방법이다.

26

산소의 공업적 제법 2가지를 쓰시오.

문제에 해당하는 핵심 키워드를 적어보세요.

물의 전기분해, 공기의 액화분리

27

산소는 대기압하에서 ① 비점은 몇 [℃]이며, ② 임계압력, ③ 임계온도는 얼마인지 쓰시오.

문제에 해당하는 핵심 키워드를 적어보세요.

① -183[℃]
② 50.1[atm]
③ -118.4[℃]

28

'염소'에 대한 다음 물음에 답하시오.

가. TLV-TWA 기준농도는 얼마인가?
나. 연소성에 의한 가스의 종류는?
다. 대기압하에서 염소의 비점은 몇 [℃]인가?

문제에 해당하는 핵심 키워드를 적어보세요.

가. 1[ppm]
나. 조연성 가스
다. -34.05[℃]

29

'염소'에 대한 다음 물음에 답하시오.

가. 염소용기의 재료 및 도색을 쓰시오.
나. 염소용기에 사용하는 안전밸브의 종류를 쓰시오.
다. 염소의 건조제를 쓰시오.
라. 염소가스 압축기에 사용되는 내부윤활제를 쓰시오.

문제에 해당하는 핵심 키워드를 적어보세요.

가. 탄소강, 갈색
나. 가용전식
다. 진한 황산
라. 진한 황산

30

암모니아에 대한 다음 물음에 답하시오.

> 가. TLV-TWA 기준농도는 얼마인가?
> 나. 대기압 상태에서 비등점은 몇 [℃]인가?
> 다. 열에 의해 암모니아가 분해될 수 있는 온도는 몇 [℃]인가?

가. 25[ppm]
나. -33.3[℃]
다. 690[℃]

31

암모니아 제조 장치에서 동(Cu)을 사용할 수 없는 이유를 쓰시오.

암모니아는 동 및 동합금과 접촉 시 부식이 발생하기 때문에

유형 10 가스누출 검지방법

01

가스누출 검지경보장치에 표시된 "LEL"을 설명하시오.

폭발한계의 하한값
- LEL(Lower Explosion Limit) : 폭발이 시작되는 농도의 최소한의 한계농도
- UEL(Upper Explosion Limit) : 폭발이 더 이상 일어나지 않는 최고 농도

02

가스누출 차단장치의 3대 요소를 쓰시오.

검지부, 차단부, 제어부

03

수소 제조시설에서 수소의 누출여부를 검지하기 위해 설치하는 가스누출 검지경보장치의 경보 농도는 몇 [%] 이하인지 쓰시오.

1[%] 이하
가연성 가스는 폭발하한계의 1/4 이하(수소의 폭발하한값 4[%])

유형 11 냉동장치

01
냉동장치에서 사용되는 냉매의 필요성질 4가지를 쓰시오.

- 비열비가 적을 것
- 독성, 가연성이 없을 것
- 비열이 적을 것
- 비체적이 적을 것

02
냉동기 카르노 사이클에서 순환과정 4가지를 쓰시오.

등온팽창과정, 단열팽창과정, 등온압축과정, 단열압축과정

유형 12 압축기, 펌프

01
산소압축기에 사용되는 윤활제는 무엇인지 쓰시오.

물 또는 10[%] 이하의 글리세린수

02
다음 가스 압축기의 내부 윤활제를 쓰시오.

가. 공기
나. 산소
다. LPG

가. 양질의 광유
나. 물 또는 10[%] 이하의 묽은 글리세린수
다. 식물성유

03

아세틸렌 압축기에 대한 다음 물음에 답하시오.

> 가. 압축기 내부 윤활유를 쓰시오.
> 나. 압축기 냉각에 사용되는 냉각수 온도는?
> 다. 아세틸렌 충전 중 압력[MPa]은 얼마 이내로 제한하는가?
> 라. 희석제의 종류 4가지를 쓰시오.
> 마. 압축기를 수중에서 작동시키는 이유를 설명하시오.

문제에 해당하는 핵심 키워드를 적어보세요.

가. 양질의 광유
나. 20[℃] 이하
다. 2.5[MPa] 이하
라. 질소, 메탄, 일산화탄소, 에틸렌
마. 압축기를 충분히 냉각시키기 위해

04

원심펌프 운전 중 물이 관 속에 흐르고 있다. 이때 어느 부분의 정압이 물의 온도에 해당하는 증기압 이하로 되어 물이 증발하고 기포가 발생하며, 저압부에서 고압부로 흐르면서 심한 소음과 진동, 충격을 발생시키는 현상을 무엇이라 하는지 쓰시오.

문제에 해당하는 핵심 키워드를 적어보세요.

캐비테이션 현상

05

저비점 액화가스 등을 이송하는 펌프 입구에서 발생하는 베이퍼 록 현상의 방지방법 2가지를 쓰시오.

문제에 해당하는 핵심 키워드를 적어보세요.

- 흡입배관을 단열처리한다.
- 흡인관의 지름을 크게 한다.
- 실린더 라이너의 외부를 냉각한다.

유형 13 용기

01

다음 괄호를 채우시오.

가. LG : (　　) 를 제외한 액화가스를 충전하기 위한 용기 부속품
나. PG : (　　) 를 충전하기 위한 용기 부속품
다. AG : (　　) 를 충전하기 위한 용기 부속품
라. LT : (　　) 용기의 부속품

가. 액화석유가스
나. 압축가스
다. 아세틸렌가스
라. 초저온, 저온

02

용기를 옥외 저장소에서 보관할 때 충전용기와 잔가스용기의 보관 장소는 얼마 이상 이격거리를 유지하여야 하는지 쓰시오.

1.5[m]

03

아세틸렌 충전용기의 내압시험압력은 최고충전압력의 몇 배인지 쓰시오.

3배 이상

04

LP가스 사용시설에서 LPG 용기 수를 결정할 때 고려하여야 할 사항 4가지를 쓰시오.

- 용기의 가스발생능력
- 공급 세대수
- 피크 시 사용량
- 자동절체기 사용여부
- 사용지역의 평균 기온

05

충전용기의 충전구 나사가 오른나사인 가연성 가스 2가지를 쓰시오.

암모니아, 브롬화메탄

06

다음에서 일반용기의 도색 색깔을 쓰시오.

> 가. 수소
> 나. 아세틸렌
> 다. 이산화탄소

가. 주황색
나. 황색
다. 청색

유형 14 저장탱크

01

(   ) 안에 적당한 숫자를 기입하시오 (단, 도시가스 제조시설 제외).

> 고압가스 저장탱크의 온도상승을 방지하기 위하여 설치하는 고정식 냉각살수장치의 물분무량은 탱크 표면적 $1[m^2]$당 (①)[L/분] 이상이어야 하고, 수원의 수량은 (②)분 이상 연속하여 물을 방사할 수 있도록 하여야 한다.

① 5
② 30

02

저장탱크를 지하에 설치하는 경우 저장탱크의 정상부와 지면과의 거리는 몇 [cm] 이상으로 하여야 하는지 쓰시오.

60[cm]

03

고압저장탱크의 열 침입의 원인이 무엇인지 쓰시오.

- 외면에서의 열 복사
- 연결된 배관을 통한 열 전도
- 지지점의 열 전도
- 밸브, 안전밸브의 열 전도

04

BLEVE를 방지하기 위해 탱크로리 주·정차 위치, 저장탱크 주변에 설치하는 소방설비는 무엇인지 쓰시오.

살수장치

05

저온단열법으로 공기의 열전도율보다 낮은 값을 얻기 위하여 단열공간을 진공으로 하여 공기에 의한 전열을 제거하는 진공단열법의 종류 3가지를 쓰시오.

고진공단열법, 분말진공단열법, 다층진공단열법

유형 15 안전장치

01
안전밸브 중 파열판의 특징을 쓰시오.

- 1회용이다.
- 구조가 간단하다.
- 부식성 유체에 적합하다.
- 밸브시트 누설은 없다.

02
다음에 적합한 안전장치의 종류를 쓰시오.

> 가. 기체의 압력상승을 방지하기 위한 경우
> 나. 급격한 압력상승 우려가 있는 경우(단, 스프링식 안전밸브는 설치가 불가능함)
> 다. 펌프 배관의 압력상승 방지를 위한 경우

가. 스프링식 안전밸브
나. 파열판
다. 릴리프밸브

03
가스장치에서의 안전밸브의 역할에 대하여 설명하시오.

용기 또는 탱크 등에서 이상압력 상승 시 작동하여 압력을 정상화시킴으로 장치 또는 설비의 폭발을 방지하는 안전장치이다.

04
과류차단 안전기구가 부착된 콕의 명칭을 쓰시오.

퓨즈 콕, 상자 콕

05

정압기 입구와 출구의 안전장치를 쓰시오.

- 입구 : 여과기(불순물 제거장치), 가스차단장치
- 출구 : 이상압력 상승방지 장치, 압력측정 기록장치

06

고압가스설비에 부착하는 과압안전장치의 작동압력에 대한 내용이다. 빈칸에 알맞은 답을 쓰시오.

> 액화가스의 가스설비 등에 부착되어 있는 스프링식 안전밸브는 상용의 온도에서 해당 고압가스설비 등 안의 액화가스의 상용의 체적이 해당 가스설비 등 안의 내용적의 (　)[%]까지 팽창하게 되는 온도에 대응하는 해당 고압가스설비 등 안의 압력 이하에서 작동하는 것으로 한다.

98

07

상용압력이 15[MPa]일 때 내압시험, 기밀시험, 안전밸브 작동압력 [MPa]은 얼마인지 구하시오.

Tp(내압시험압력) = 상용압력 × 1.5 = 15 × 1.5
　　　　　　　　= 22.5[MPa]
Ap(기밀시험압력) = 상용압력 이상 = 15[MPa]
안전밸브 작동압력 = Tp × 0.8 = 22.5 × 0.8 = 18[MPa]

08

최고충전압력이 150[kg/cm²]인 산소용기의 내압시험압력 및 안전밸브 작동압력은 몇 [kg/cm²]인지 구하시오.

내압시험압력(Tp) = 최고충전압력(Fp) × $\dfrac{5}{3}$

　　　　　　　　= $150 \times \dfrac{5}{3}$ = 250[kg/cm²]

안전밸브 작동압력 = Tp × 0.8 = 250 × 0.8 = 200[kg/cm²]

유형 16 플레어 스택

01

플레어 스택의 설치 위치 및 높이, 정의를 설명하시오.

가. 설치 위치 및 높이
나. 정의

가. 플레어 스택 바로 밑의 지표면에 미치는 복사열이 4,000[kcal/m²h] 이하가 되도록 한다.
나. 가연성 가스를 폐기 시 연소시켜버리는 탑

02

고압가스 제조시설에 설치하는 플레어 스택의 설치기준 3가지를 쓰시오.

- 긴급이송설비로 이송되는 가스를 안전하게 연소시킬 수 있는 것으로 한다.
- 플레어 스택에서 발생하는 복사열이 다른 제조시설에 나쁜 영향을 미치지 아니하도록 안전한 높이 및 위치에 설치한다.
- 플레어 스택에서 발생하는 최대열량에 장시간 견딜 수 있는 재료 및 구조로 되어 있는 것으로 한다.
- 파일럿버너를 항상 점화하여 두는 등 폭발을 방지하기 위한 조치가 되어 있는 것으로 한다.
- 플레어 스택의 설치 위치 및 높이는 플레어 스택 바로 밑의 지표면에 미치는 복사열이 4,000[kcal/m²h] 이하가 되도록 한다.

유형 17 LPG 설비

01

LPG충전사업소에서 긴급사태가 발생하였을 경우 신속히 전파할 수 있도록 통신설비를 갖추어야 한다. 안전관리자가 상주하는 사업소와 현장사업소와의 사이 또는 현장사무소 상호 간 설치해야 하는 통신설비 3가지를 쓰시오.

> 문제에 해당하는 핵심 키워드를 적어보세요.

구내전화, 구내방송설비, 인터폰

02

가스설비에서 누출된 가연성 가스가 화기를 취급하는 장소로 유통하는 것을 방지하기 위한 설비에 대한 물음이다. 알맞은 답을 쓰시오.

가. 내화성 벽의 높이는 몇 [m] 이상인가?
나. 가스설비 등과 화기를 취급하는 장소에서와의 사이는 우회 수평 거리로 몇 [m]인가?
다. LPG판매점인 경우 몇 [m] 이상인가?

> 문제에 해당하는 핵심 키워드를 적어보세요.

가. 2[m]
나. 8[m]
다. 2[m]

03

LP가스 특징 4가지를 쓰시오.

> 문제에 해당하는 핵심 키워드를 적어보세요.

- LP가스는 공기보다 무겁고 액상의 LP가스는 물보다 가볍다.
- 액화, 기화가 쉽다.
- 기화하면 체적이 커진다.
- 증발 잠열이 크다.
- 무색무취, 무미

04

LP가스의 연소 특징 4가지를 쓰시오.

- 타 연료와 비교하여 발열량이 크다.
- 연소 시 다량의 공기가 필요하다.
- 폭발 범위가 좁다.
- 무색무취, 무미
- 발화온도가 높다.

05

기화장치의 주요 구성 부분 3가지를 쓰시오.

기화부, 제어부, 조압부

06

기화장치의 작동원리에 따라 2가지로 구분하시오.

가온감압식, 감압가온식

유형 18 조정기

01
LPG 사용시설에 사용하는 조정기의 역할을 설명하시오.

> 용기 내의 압력과 관계없이 유출압력을 조절하여 안정된 연소를 도모하고, 소비가 중단되면 가스를 차단한다.

02
LPG 사용시설에서 자동교체식 조정기 사용 시 장점 4가지를 쓰시오.

- 전체 용기 수량이 수동교체식의 경우보다 적어도 된다.
- 잔액이 거의 없어질 때까지 소비된다.
- 용기 교환주기의 폭을 넓힐 수 있다.
- 분리형을 사용하면 배관의 압력손실을 크게 해도 된다.

03
LPG공급 시 사용되는 압력조정기의 종류 4가지를 쓰시오.

- 1단 감압식 저압조정기
- 1단 감압식 준저압조정기
- 2단 감압식 일체형 저압조정기
- 2단 감압식 일체형 준저압조정기
- 2단 감압식 1차용 조정기(용량 100[kg/h] 이하)
- 2단 감압식 1차용 조정기(용량 100[kg/h] 초과)
- 2단 감압식 2차용 저압조정기
- 2단 감압식 2차용 준저압조정기
- 자동절체식 일체형 저압조정기
- 자동절체식 일체형 준저압조정기

04
1단 감압식 저압조정기 사용 시 특징을 쓰시오.

- 장치가 간단하다.
- 조작이 간단하다.
- 배관 지름이 커야 한다.
- 최종 압력이 부정확하다.

05

2단 감압조정기의 장점 3가지는 무엇인지 쓰시오.

- 공급압력이 안정하다.
- 중간배관이 가늘어도 된다.
- 배관 입상에 의한 압력손실이 보정된다.
- 각 연소기구에 알맞은 압력으로 공급이 가능하다.

06

LP가스 집단공급 설비 중 가스발생 설비에서 조정기의 입구 부근에는 무엇을 설치하여야 하며 조정기와 가스계량기 사이에는 무슨 밸브를 설치하여야 하는지 쓰시오.

- 조정기 입구 : 여과기
- 조정기와 가스계량기 사이 : 스톱밸브

07

가정용 시설에 있어서 조정기와 연소기 사이의 배관의 기밀시험압력은 수주로 얼마인지 쓰시오 (단, 조정기의 조정압력은 3.3[kPa] 미만이다).

8.4[kPa] 이상

08

1단 감압식 저압조정기의 입구압력과 조정압력을 쓰시오.

- 입구압력 : 0.07 ~ 1.56[MPa]
- 조정압력 : 2.3 ~ 3.3[kPa]

유형 19 연소장치

01
가스기구를 급배기 방식에 의해 3가지로 분류하시오.

- 밀폐형
- 개방형
- 반밀폐형

02
Lifting, Blow Off, Back-Fire의 원인을 쓰시오.

- Lifting(리프팅) : 버너에서 연소기의 분출속도가 연소속도보다 커서 불꽃이 노즐에서 떨어져 노즐에 정착되지 않고 불꽃이 버너 상부에 떠서 어떤 거리를 유지하면서 공간에서 연소하는 이상현상이다.
- Blow Off(블로우 오프) : 가스의 분출속도가 크거나 공기의 유동이 너무 강하여 불꽃이 노즐에서 정착하지 않고 떨어지게 되어 꺼져버리는 현상을 말한다. 이것은 Lifting(선화)한 상태에서 다시 분출속도가 증가하면 결국 화염이 꺼지는 현상이다.
- Back-Fire(역화) : 불꽃이 연소기 내로 전파되어 연소하는 현상으로 가스의 분출속도(공급속도)보다 연소속도가 클 때 발생된다.

03
연소기의 실제연소에 있어서는 이론공기량만으로는 완전 연소가 불가능하여 과잉의 공기가 필요하다. 과잉공기량 과대 시에 일어날 수 있는 현상을 간단히 쓰시오.

노 내 온도가 저하하여 배기가스에 의한 열손실이 증가한다.

04

가스보일러는 전용 보일러실에 설치하여야 한다. 전용 보일러실에 설치하지 않아도 되는 경우 3가지를 쓰시오.

> 문제에 해당하는 핵심 키워드를 적어보세요.

- 밀폐식 보일러
- 가스보일러를 옥외에 설치한 경우
- 전용급기통을 부착시키는 구조로 검사에 합격한 강제배기식 보일러

05

가스보일러를 설치 시공한 자는 설치 시공한 시설에 대하여 시공자, 보일러 제조자명, 설치기준 적합여부 등이 포함된 것을 가스보일러에 부착하여야 하는데 이것을 무엇이라 하는지 쓰시오.

> 문제에 해당하는 핵심 키워드를 적어보세요.

시공표지판

06

공기와 가스의 혼합방식에 의한 연소방식을 4가지로 분류하고 설명하시오.

> 문제에 해당하는 핵심 키워드를 적어보세요.

- 적화식 : 연소에 필요한 공기를 2차 공기로 모두 취하는 방식
- 분젠식 : 가스를 노즐로부터 분출시켜 주위의 공기를 흡입하여 1차 공기로 취한 후 연소과정에서 나머지는 2차 공기를 취하는 방식
- 세미분젠식 : 적화식과 분젠식의 혼합형으로 1차 공기량을 40[%] 미만을 취하는 방식
- 전1차공기식 : 연소용 공기를 송풍기로 압입하여 가스와 강제 혼합하여 필요한 공기를 모두 1차 공기로 연소하는 방식

07

분젠식 연소장치의 특징 4가지를 쓰시오.

> 문제에 해당하는 핵심 키워드를 적어보세요.

- 불꽃은 내염과 외염을 형성한다.
- 연소속도가 크고, 불꽃길이가 짧다.
- 연소온도가 높고, 연소실이 작아도 된다.
- 선화현상이 발생하기 쉽다.
- 소화음, 연소음이 발생한다.

08

분젠식 연소기에서 불꽃의 이상 연소 현상 3가지를 쓰시오.

> 문제에 해당하는 핵심 키워드를 적어보세요.

역화, 선화, 엘로우 팁, 블로우 오프

09

불꽃의 주위, 특히 기저부에 대한 공기의 움직임이 세지면 불꽃이 노즐에 정착하지 않고 떨어지게 되어 꺼지는 현상은 무엇인지 쓰시오.

> 문제에 해당하는 핵심 키워드를 적어보세요.

블로우 오프

10

LPG 연소기구가 갖추어야 할 조건 3가지를 쓰시오.

> 문제에 해당하는 핵심 키워드를 적어보세요.

- 가스를 완전 연소시킬 수 있을 것
- 열을 유효하게 이용할 수 있을 것
- 취급이 간편하고, 안전성이 높을 것

11

LP가스가 불완전 연소되는 원인 4가지를 쓰시오.

> 문제에 해당하는 핵심 키워드를 적어보세요.

- 공기 공급량 부족
- 환기 및 배기 불충분
- 가스조성의 불량
- 가스기구의 부적합
- 프레임의 냉각

유형 20 　 도시가스 공급시설

01

도시가스 제조소의 계기실에 대한 내용이다. 아래 물음에 대해 답하시오.

> 가. 계기실에 사용되는 내장재의 종류는?
> 나. 계기실에 사용되는 바닥재료의 종류는?
> 다. 계기실의 출입구는 몇 곳 이상을 두는가?

> 문제에 해당하는 핵심 키워드를 적어보세요.

가. 불연성
나. 난연성
다. 2곳 이상

02

( ) 안에 알맞은 말을 쓰시오.

> 공장에서 생산되는 도시가스는 배관에 의해 각 수용가에 공급되는데 그 공급방식을 가스압력에 따라 나누면 (①), (②), (③)이 있다.

> 문제에 해당하는 핵심 키워드를 적어보세요.

① 고압공급방식
② 중압공급방식
③ 저압공급방식

03

도시가스 사용시설(연소기는 제외한다)은 안전을 확보하기 위하여 공기 또는 위험성이 없는 불활성 기체 등으로 기밀시험을 실시해서 이상이 없어야 한다. 이때 기밀시험압력은 얼마 이상의 압력에서 기밀성능을 가지는 것으로 하여야 하는지 쓰시오.

> 문제에 해당하는 핵심 키워드를 적어보세요.

최고사용압력의 1.1배 또는 8.4[kPa] 중 높은 압력 이상

04

도시가스 시설에 설치되는 정압기의 역할 3가지를 쓰시오.

> 문제에 해당하는 핵심 키워드를 적어보세요.

- 압력을 사용처에 맞게 낮추는 감압기능
- 2차측의 압력을 허용범위 내의 압력으로 유지하는 정압기능
- 가스의 흐름이 없을 때는 밸브를 완전히 폐쇄하여 압력상승을 방지하는 폐쇄기능

유형 21 배관

01

다음 빈칸에 알맞은 말을 쓰시오.

> 상온 스프링은 배관의 (①)을 미리 계산하여 관의 길이를 약간 짧게 절단하여 강제 배관을 함으로써 (②)을 흡수하는 방법이다. 이 경우 절단하는 길이는 계산에서 얻은 (③)의 1/2 정도로 한다.

① 자유팽창
② 열팽창
③ 자유팽창량

02

가스가 통과하는 배관의 적당한 곳에 설치하는 것으로 1차 압력 및 부하유량의 변동에 관계없이 2차 압력을 일정하게 하는 기능을 가진 것의 명칭을 쓰시오.

정압기

03

저압배관 결정 시 고려할 조건 4가지를 쓰시오.

가스유량, 압력손실, 관 길이, 관 지름

04

배관의 응력원인 5가지를 쓰시오.

- 내압에 의한 응력
- 열팽창에 의한 응력
- 냉간가공에 의한 응력
- 용접에 의한 응력
- 배관 부속물의 중량에 의한 응력

05

가스배관의 경로 선정 시 주의할 사항 4가지를 쓰시오.

- 최단거리로 할 것
- 직선배관으로 할 것
- 노출하여 시공할 것
- 옥외에 설치할 것

06

배관공사 시 배관재료의 구비조건 4가지를 쓰시오.

- 내식성이 있을 것
- 내압성이 있을 것
- 가스유통이 원활할 것
- 절단가공이 용이할 것

07

도시가스 배관의 보호포에 대한 내용이다. 물음에 답하시오.

가. 보호포의 폭은 몇 [cm]인가?
나. 보호포의 바탕색은?

가. 15 ~ 35[cm]
나. 저압관 : 황색
　　중압 이상 : 적색

08

도시가스 배관의 표지판 설치기준이다. 물음에 답하시오.

가. 표지판의 설치 수는 몇 [m]마다 1개씩 설치하는가?
나. 표지판의 가로와 세로의 치수는?
다. 표지판의 바탕색은?
라. 표지판의 글자색은?
마. 지면에서 도시가스 표지판 하단부까지의 높이는?

가. 500[m]
나. 200×150[mm]
다. 황색
라. 흑색
마. 700[mm]

09

도로 폭이 8[m] 이상인 도로에 도시가스 중압배관을 매설할 때 깊이와 배관색상을 쓰시오.

- 매설깊이 : 1.2[m] 이상
- 배관색상 : 적색

10

도시가스 배관을 지하매설 시 매설 위치를 확인하기 위해 지면에 설치하는 라인마크는 몇 [m]마다 설치해야 하는지 쓰시오.

50[m]

유형 22 도시가스 제조공정

01

다음 용어의 정의를 쓰시오.

가. LPG
나. LNG
다. SNG

가. 액화석유가스
나. 액화천연가스
다. 대체천연가스

02

도시가스 제조방식의 종류 5가지를 쓰시오.

- 부분연소공정
- 열분해공정
- 접촉분해공정
- SNG공정
- 수소분해화공정

03

도시가스 원료인 나프타(Naphtha)에 함유된 불순물 중 함유량이 문제가 되는 황화합물을 제거하여야 한다. 탈황법 2가지를 쓰시오.

수소화 탈황법, 건식 탈황법

04

나프타의 용이함을 나타내는 지수로서 가스화에 미치는 영향에 PONA값을 사용하는데 각각의 개념을 설명하시오.

- P : 파라핀계 탄화수소
- O : 올레핀계 탄화수소
- N : 나프텐계 탄화수소
- A : 방향족 탄화수소

05

부취제를 제거하는 방법 3가지를 쓰시오.

화학적 산화처리, 활성탄에 의한 흡착법, 연소법

06

부취제의 구비조건 4가지를 쓰시오.

- 저농도에서 냄새 식별이 가능할 것
- 화학적으로 안정할 것
- 연소 후 유해가스를 발생시키지 않을 것
- 가스배관이나 미터에 흡착되지 않을 것
- 물에 녹지 않고 토양투과성이 있을 것
- 가격이 저렴할 것

07

부취제 주입방식 중 액체주입방식 3가지를 쓰시오.

펌프주입방식, 적하주입방식, 미터연결 바이패스방식

08

다음 도시가스의 제조공정에서 접촉분해 프로세스 중 카본생성을 방지하는 방법을 압력, 온도, 수증기를 가지고 설명하시오.

$$CH_4 + H_2O \rightarrow CO + 3H_2$$
$$CO + H_2 \rightarrow C + H_2O$$

- 온도 : 높인다.
- 압력 : 낮춘다.
- 수증기 : 수증기 비를 증가시킨다.

09

도시가스 제조공정에서 접촉분해공정에 대하여 설명하시오.

니켈촉매를 사용하여 반응온도 400 ~ 800[℃]에서 탄화수소와 수증기를 반응시켜 CH_4, H_2, CO, CO_2로 변환시키는 공정

10

가스용 폴리에틸렌관 최고사용압력[MPa]은 얼마인지 쓰시오.

0.4[MPa]

유형 23 정압기

01
도시가스 시설에 설치되는 정압기의 역할 3가지를 쓰시오.

- 압력을 사용처에 맞게 낮추는 감압기능
- 2차측의 압력을 허용범위 내의 압력으로 유지하는 정압기능
- 가스의 흐름이 없을 때는 밸브를 완전히 폐쇄하여 압력상승을 방지하는 폐쇄기능

02
정압기의 특성 중 사용최대차압을 설명하시오.

메인밸브에는 1차와 2차 압력의 차압이 작용하여 정압성능에 영향을 주지만, 이것이 실용적으로 사용할 수 있는 범위에서 최대로 되었을 때의 차압

03
다음 설명하는 가스설비의 명칭은 무엇인지 쓰시오.

> 1차 압력 및 부하유량의 변동에 관계없이 2차 압력을 일정하게 유지하는 기능

정압기

04
도시가스 정압기의 기밀시험에 대한 (   ) 안에 알맞은 수치를 쓰시오.

> 정압기 입구측은 최고사용압력의 (①)배, 출구측은 최고사용압력의 (②)배 또는 (③)[kPa] 중 높은 압력 이상으로 기밀시험을 실시하여 이상이 없어야 한다.

① 1.1
② 1.1
③ 8.4

유형 24 방류둑

01

저장탱크에서 액체가스가 누출 시 다른 곳으로 유출하는 것을 방지하기 위하여 설치하는 설비의 명칭은 무엇인지 쓰시오.

> 문제에 해당하는 핵심 키워드를 적어보세요.

방류둑

02

방류둑 구조에 대한 다음 물음에 답하시오.

가. 철근콘크리트, 철골·철근콘크리트는 (①) 콘크리트를 사용하고 균열 발생을 방지하도록 배근, 리벳팅 이음, 신축이음 및 신축이음의 간격, 배치 등을 한다.

나. 성토는 수평에 대하여 (②) 이하의 기울기로 하여 쉽게 허물어지지 않도록 충분히 다져 쌓고 강우 등으로 인하여 유실되지 아니하도록 그 표면에 콘크리트 등으로 보호하고, 성토 윗부분의 폭은 (③) 이상으로 하여야 한다.

다. 방류둑은 (④) 것이어야 한다.

라. 방류둑에는 계단, 사다리 또는 토사를 높이 쌓아 올린 형태 등으로 된 출입구를 둘레 (⑤)[m]마다 1개 이상씩 설치하되, 그 둘레가 (⑤)[m] 미만일 경우에는 2개 이상을 분산하여 설치한다.

> 문제에 해당하는 핵심 키워드를 적어보세요.

① **수밀성**
② 45°
③ 30[cm]
④ **액밀한**
⑤ 50

유형 25 계측기기

01
가스계량기 선정 시 주의사항 4가지를 쓰시오.

> 문제에 해당하는 핵심 키워드를 적어보세요.

- 액화가스용일 것
- 용량에 여유가 있을 것
- 계량법에 정한 유효기간을 만족할 것
- 기타 외관검사를 행할 것

02
가스계량기 설치기준 4가지를 쓰시오.

> 문제에 해당하는 핵심 키워드를 적어보세요.

- 화기와 2[m] 떨어진 위치
- 환기가 양호할 것
- 교체 및 유지관리가 용이할 것
- 설치높이 1.6 ~ 2[m] 이내

03
도시가스 미터에 다음 표시가 있다. 각 표시의 의미가 무엇인지 쓰시오.

```
가. MAX. 1.6[m³/h]
나. 0.4[L/rev]
```

> 문제에 해당하는 핵심 키워드를 적어보세요.

가. 최대사용유량이 시간당 1.6[m³]
나. 계량실 1주기당 체적이 0.4[L]

04

가스계량기의 고장 중 불통, 부동의 정의와 원인을 각각 3가지 쓰시오.

가. 불통

나. 부동

> 문제에 해당하는 핵심 키워드를 적어보세요.

가. • 정의 : 가스가 가스미터를 통과하지 않는 고장
- 원인
  - 크랭크축에 녹이 슮
  - 밸브와 밸브시트가 타르, 수분 등에 점착 및 고착 동결하여 움직일 수 없게 되는 경우
  - 날개 조절기 등의 납땜이 떨어지는 등 회전장치 부분의 고장

나. • 정의 : 가스는 가스계량기를 통과하나 지침이 작동하지 않는 고장
- 원인
  - 계량막의 파손 밸브의 탈락
  - 밸브와 밸브시트 사이에서 누설
  - 가스계량 부분에 누설 발생 시 지시장치의 기어불량

05

습식 가스계량기에 대한 물음에 답하시오.

> 가. 습식 가스계량기의 특징 4가지를 쓰시오.
> 나. 용도에 대하여 쓰시오.

> 문제에 해당하는 핵심 키워드를 적어보세요.

가. • 계량이 정확하다.
• 사용 중 오차의 변동이 적다.
• 사용 중에 수위조정 등의 관리가 필요하다.
• 설치면적이 크다.

나. 기준용, 실험실용

06

다이어프램 가스계량기의 특징 3가지를 쓰시오.

> 문제에 해당하는 핵심 키워드를 적어보세요.

• 가격이 저렴하다.
• 유지관리에 시간을 요하지 않는다.
• 대용량의 것은 설치면적이 크다.
• 용량범위가 $1.5 \sim 200[m^3/h]$로 일반수용가에 사용된다.

07

차압식 유량계의 종류에는 오리피스, 벤투리, 플로노즐이 있다. 이 유량계의 측정원리는 무엇인지 쓰시오.

> 문제에 해당하는 핵심 키워드를 적어보세요.

베르누이 정리

유형 26 기타

01

내용적 100[m³]인 가연성 액화가스 저장탱크의 내부점검을 하기 위해 액화가스를 이동시키려 한다. 일반적으로 사용되는 액화가스의 이동 방법을 3가지만 쓰시오.

차압에 의한 방법, 액 펌프에 의한 방법, 압축기에 의한 방법

02

다음 ( )에 적당한 말을 쓰시오.

> 일반적으로 가스 냉·난방기에 사용하는 흡수제는 (①), 냉매는 (②)을 사용하며, 증발기 내의 압력은 (③)이다.

① 리튬브로마이드(LiBr)
② 물
③ 5[mmHg]

03

가스홀더의 기능을 공급면, 제조면으로 구분하여 설명하시오.

- 공급면
  - 공급설비의 지장 시 어느 정도 공급을 확보한다.
  - 피크 시 도관의 수송량을 감소시킨다.
- 제조면
  - 제조가 수요를 따르지 못할 때 공급량을 확보한다.
  - 가스의 성분열량 연소성을 균일화한다.

04

가스홀더의 기능 3가지를 쓰시오.

- 공급 설비의 지장 시 어느 정도 공급을 확보한다.
- 피크 시 도관의 수송 양을 감소시킨다.
- 제조가 수요를 따르지 못할 때 공급량을 확보한다.
- 가스의 성분열량, 연소성을 균일화한다.

05

특수고압가스의 종류 5가지를 나열하시오.

압축모노실란, 압축디보레인, 액화알진, 포스핀, 세렌화수소, 게르만, 디실란

06

'LPG 수입 - 수입설비 - (①) - 이송설비 - (②) - 출하설비'에서 ①, ②에 적당한 용어를 쓰시오.

① 저온 저장설비
② 고압 저장설비

07

특정 설비의 종류 5가지를 쓰시오.

안전밸브, 긴급차단장치, 기화기, 역류방지밸브, 역화방지장치, 저장탱크

08

도시가스의 공급방식 중 가스성분 조정에 따른 공급방식 3가지를 그 명칭만 쓰시오.

직접혼입식, 공기혼합가스 공급방식, 변성가스 공급방식

09

공기보다 무거운 가스(비중이 1보다 무거운 가스)를 사용하는 곳의 가스누설검지기 설치위치를 간단히 설명하시오.

바닥에서 30[cm] 이내에 설치

10

금속의 저온취성이란 무엇인지 쓰시오.

> 금속이 온도가 낮아지면 취성이 생기는 성질

11

CO의 중독의 우려가 있을 때 사용할 수 있는 보일러의 종류는 무엇인지 쓰시오.

> 강제급배기식 보일러(FF방식)

12

연소 시 양이온 전자가 생성되는 불꽃 이온화 현상에 바탕을 둔 것으로, 유기화합물 분석에 사용되는 검출기의 종류를 쓰시오.

> 불꽃 이온화 검출기(FID)

13

다음 물음에 대하여 간단히 답하시오.

가. 가연성 가스 공장에서 작업할 때 사용하는 기구로서 불꽃이 나지 않는 안전공구의 일반적인 재료 4가지를 쓰시오.
나. 수소의 탈탄작용에 견딜 수 있는 합금을 얻기 위하여 강에 첨가하는 일반적인 금속의 명칭 4가지만 쓰시오.

> 가. 나무, 고무, 가죽, 플라스틱
> 나. Cr, W, Mo, Ti, V

실기[필답형] 유형별 기초 예상문제 — 계산문제

01

LPG 배관공사(관경 25[mm], 길이 20[m])를 완성하고 공기압 1,000 [mmH₂O]를 표준상태에서 기밀시험했다. 5분이 지난 후 700[mmH₂O]로 되었다면 누설량은 몇 [L]인지 구하시오.

문제에 해당하는 핵심 키워드를 적어보세요.

풀이 배관 내용적 $= \dfrac{\pi}{4} d^2 \times L$

$= \dfrac{3.14}{4} \times (2.5[cm])^2 \times 2,000[cm]$

$= 9,812.5[cm^3] = 9.812[L]$

누설량 $= \dfrac{1,000 - 700}{10,332} \times 9.812 = 0.285[L]$

$= 0.29[L]$

답 0.29[L]

02

어느 음식점에서 0.32[kg/h]를 연소시키는 버너 10대를 설치하여 1일 5시간 사용 시 용기 교환 주기를 구하시오 (단, 용기는 50[kg]이며 잔액이 20[%]일 때 교환하고 용기의 가스 발생능력은 750[g/h]이다).

문제에 해당하는 핵심 키워드를 적어보세요.

풀이 용기 수 $= \dfrac{0.32 \times 10}{0.75} = 4.26 = 5$개

용기 교환 주기 $= \dfrac{\text{사용 가스량}}{\text{1일 사용량}} = \dfrac{50 \times 5 \times 0.8}{0.32 \times 10 \times 5}$

$= 12.5$

$= 12$일

답 12일

03

C_3H_8 10[kg]을 연소 시 이론 공기량은 몇 [kg]인지 구하시오.

> 문제에 해당하는 핵심 키워드를 적어보세요.

풀이 $C_3H_8 + 5O_2 \rightarrow 3CO_2 + 4H_2O$
44[kg] : 5×32[kg]

C_3H_8 10[kg] 연소 시 이론 산소량 = $\dfrac{5 \times 32}{44} \times 10$

= 36.36[kg]

이론 산소량[kg]을 이론 공기량[kg]으로 계산하면

$\dfrac{100}{23.2} \times 36.36 = 156.72[kg]$

답 156.72[kg]

04

최대 적재량 1[ton]의 화물자동차에 47[L] C_3H_8을 규정량 충전 시 용기 몇 개를 운반할 수 있는지 구하시오 (단, 빈 용기의 중량은 프로텍터 용기밸브를 포함하여 12.5[kg]이다).

> 문제에 해당하는 핵심 키워드를 적어보세요.

풀이 용기 1개당 총 중량 = $\dfrac{47}{2.35} + 12.5 = 32.5[kg]$

1,000 ÷ 32.5 = 30.76개 = 30개

답 30개

$W = \dfrac{V}{C}(C\text{는 } 2.35)$

05

20[℃], 10[L], 780[mmHg](g)를 50[℃], 20[L]로 하면 압력은 몇 [kg/cm²]인지 구하시오.

> 문제에 해당하는 핵심 키워드를 적어보세요.

풀이 $\dfrac{P_1 V_1}{T_1} = \dfrac{P_2 V_2}{T_2}$

$P_2 = \dfrac{P_1 V_1 T_2}{T_1 V_2} = \dfrac{(780 + 760) \times 10 \times (273 + 50)}{(273 + 20) \times 20}$

= 848.84[mmHg]

$\dfrac{848.84 - 760}{760} \times 1.0332 = 0.12[kg/cm^2]$

답 0.12[kg/cm²]

06

15[℃] 상태에서 고압가스 용기에 압력이 1기압으로 충전되어 있다. 이 용기의 온도가 상승되어 압력이 2배로 상승되었을 때 온도는 몇 [℃]인지 구하시오.

풀이 보일-샤를 법칙 $\dfrac{P_1 V_1}{T_1} = \dfrac{P_2 V_2}{T_2}$ 에서

$V_1 = V_2$ 이므로

$T_2 = \dfrac{P_2 T_1}{P_1} = \dfrac{2P_1 \times (273+15)}{P_1}$ = 576[K] - 273

= 303[℃]

답 303[℃]

07

내용적 2[L]의 고압용기에 암모니아를 충전하여 온도를 173[℃]로 상승시켰더니 압력이 220[atm]를 나타내었다. 이 용기에 충전된 암모니아는 몇 [g]인지 구하시오 (단, 173[℃], 220[atm]에서 암모니아의 압축계수는 0.40이다).

풀이 $w = \dfrac{PVM}{ZRT} = \dfrac{220 \times 2 \times 17}{0.4 \times 0.082 \times (273+173)}$

= 511.32[g]

답 511.32[g]

08

LPG 저압배관 유량 산출식은 $Q = K\sqrt{\dfrac{D^5 \cdot H}{S \cdot L}}$ 이다. 다음 조건에서 압력손실은 어떻게 변하는지 구하시오.

> 가. 가스유량이 1/2배가 될 때
> 나. 가스비중이 2배가 되었을 때
> 다. 배관 길이가 2배가 될 때
> 라. 배관의 관경이 1/2배가 될 때

풀이 $H = \dfrac{Q^2 S L}{K^2 D^5}$

- Q : 가스의 유량[m³/h]
- D : 관 안지름[cm]
- H : 압력손실[mmH₂O]
- S : 가스의 비중
- L : 관의 길이[m]
- K : 유량계수(폴의 상수 : 0.707)

답 가. $\left(\dfrac{1}{2}\right)^2 = \dfrac{1}{4}$ 배

나. 2배

다. 2배

라. $\dfrac{1}{\left(\dfrac{1}{2}\right)^5}$ = 32배

09

프로판 가스로 공급되어지는 집단공급시설의 입상관에서의 압력손실을 구하시오 (단, 입상관의 높이는 15[m], 관경은 25[mm], 가스의 비중은 1.52이다).

> 문제에 해당하는 핵심 키워드를 적어보세요.

풀이 $h = 1.293(S-1)H = 1.293 \times (1.52-1) \times 15 = 10.09[mmH_2O]$

답 $10.09[mmH_2O]$

10

용기체적이 30[m³]의 내압시험을 25[kg/cm²]로 했더니 부피가 31[m³]이었다. 시간이 흐른 후의 부피가 30.05[m³]일 때 영구증가율을 구하시오.

> 문제에 해당하는 핵심 키워드를 적어보세요.

풀이 영구증가율 $= \dfrac{\text{영구증가량}}{\text{전증가량}} \times 100$

$= \dfrac{30.05 - 30}{31 - 30} \times 100$

$= 5[\%]$

답 $5[\%]$

11

내용적이 1,000[m³], 비중이 1.14일 때 충전량[ton]을 구하시오.

> 문제에 해당하는 핵심 키워드를 적어보세요.

풀이 $G = 0.9dv = 0.9 \times 1.14 \times 1,000 = 1,026[ton]$

답 $1,026[ton]$

12

C_3H_8 10[Nm³] 연소 시 과잉공기가 20[%]일 때 실제 공기량을 구하시오.

> 문제에 해당하는 핵심 키워드를 적어보세요.

풀이 $C_3H_8 + 5O_2 \rightarrow 3CO_2 + 4H_2O$

$22.4[Nm^3] : 5 \times 22.4[Nm^3]$

C_3H_8 10[Nm³] 연소 시 이론 산소량

$= \dfrac{5 \times 22.4}{22.4} \times 10 = 50[Nm^3]$

이론 산소량[Nm³]을 이론 공기량[Nm³]으로 계산하면

$\dfrac{100}{21} \times 50 = 238.095[Nm^3]$

실제 공기량 = 이론 공기량 × 공기비

$= 238.095 \times 1.2$

$= 285.71[Nm^3]$

답 $285.71[Nm^3]$

13

압축가스 저장능력 산정식을 쓰시오 (단, Q는 최대충전량[m^3], P는 가스압력[MPa], V는 내용적[m^3]).

$Q = (10P + 1)V$

14

가구 수 60호, 가구당 사용량 1.33[kg/day], 평균 소비율이 25[%]일 때 평균 소비량[kg/h]을 구하시오.

풀이 $Q = q \times N \times n = 1.33 \times 60 \times 0.25 = 19.95$[kg/h]

답 19.95[kg/h]

15

50[L] 용기에 암모니아를 충전할 때 충전할 수 있는 질량은 몇 [kg]인지 구하시오 (단, 암모니아 충전정수는 1.86이다).

풀이 $G = \dfrac{V}{C} = \dfrac{50}{1.86} = 27$[kg]

답 27[kg]

16

액화석유가스 저장설비 설치실에 강제통풍을 설치하고자 한다. 바닥면적이 30[m^2]일 때 통풍능력[m^3/min]을 구하시오.

풀이 바닥면적 1[m^2]당 0.5[m^3/min]이므로
$30 \times 0.5 = 15$[m^3/min]

답 15[m^3/min]

17

내용적 28[m³]인 저장탱크 기밀시험을 1.85[MPa] 게이지로 한다. 토출량이 5,000[L/min]인 공기압축기를 사용할 때 몇 시간이 걸리는지 구하시오.

풀이 압축가스의 저장탱크 저장능력 계산
($P = MPa$, $V = m^3$)
$Q(m^3) = (10P + 1) \times V$
$= (10 \times 1.85 + 1) \times 28 = 546 m^3$
$\dfrac{546}{5} = 109.2 min = 1.82$시간

답 1.82시간

18

프레온 12가스 500[kg]이 있다. 내용적이 50[L]인 용기에 충전하고자 할 때 필요한 용기의 개수를 구하시오 (충전정수 : 0.86).

풀이 용기 1개당 질량 $G = \dfrac{V}{C} = \dfrac{50}{0.86} = 58.1$
$500 \div 58.1 = 8.6 = 9$개

답 9개

19

CH₄ 50[%], C₂H₆ 30[%], C₃H₈ 20[%] 혼합가스가 있을 때 경보기의 경보농도를 구하시오 (단, CH₄, C₂H₆, C₃H₈의 하한은 각각 5, 3, 2[%] 이다).

풀이 $\dfrac{100}{L} = \dfrac{V_1}{L_1} + \dfrac{V_2}{L_2} + \dfrac{V_3}{L_3} = \dfrac{50}{5} + \dfrac{30}{3} + \dfrac{20}{2}$
$L = 3.33[\%]$
경보기의 경보농도는 폭발하한의 1/4 이하이므로
$3.33 \times \dfrac{1}{4} = 0.83[\%]$

답 0.83[%]

20

유량 1.5[m³/min], 양정 220[m], 축마력 110[ps]인 어느 펌프의 효율은 몇 [%]인지 구하시오.

풀이 $[ps] = \dfrac{rQH}{75\eta}$

$\eta = \dfrac{rQH}{75} = \dfrac{1{,}000 \times 1.5 \times 220}{75 \times 110 \times 60} = 0.666$

$= 66.67[\%]$

답 66.67[%]

- r : 비중량[kg/m³]
- Q : 유량[m³/sec]
- H : 양정[m]
- η : 효율($\eta < 1$)

21

액화부탄 200[kg/h]를 기화시키는 데 20,000[kcal/h]의 열량이 필요하다. 입구온도 40[℃], 출구온도 20[℃]일 때 온수순환식 기화기에서 비중 1, 비열 1[kcal/kg℃], 열교환기 효율 80[%]라면 온수 순환량은 몇 [kg/h]인지 구하시오.

풀이 $Q = G \cdot C \cdot \triangle t$

$G = \dfrac{Q}{C \cdot \triangle t} = \dfrac{20{,}000}{1 \times (40 - 20) \times 0.8} = 1{,}250[kg/h]$

답 1,250[kg/h]

- Q : 열량[kcal/h]
- C : 비열[kcal/kg℃]
- $\triangle t$: 온도차[℃]

22

다공물질의 용적 150[m³] 다공도를 구하시오 (침윤잔용적 40[m³], 부피는 150[m³]이다).

풀이 다공도 $= \dfrac{V - T}{V} = \dfrac{150 - 40}{150} \times 100 = 73.33[\%]$

답 73.33[%]

23

어떤 카르노 사이클이 27[℃]와 -73[℃] 사이에서 작동될 때 ① 냉동기 성적계수, ② 열펌프 성적계수, ③ 열효율을 구하시오.

풀이
① $\dfrac{T_2}{T_1 - T_2} = \dfrac{273 - 73}{(273 + 27) - (273 - 73)} = 2$

② $\dfrac{T_1}{T_1 - T_2} = \dfrac{273 + 27}{(273 + 27) - (273 - 73)} = 3$

③ $\dfrac{T_1 - T_2}{T_1} = \dfrac{(273 + 27) - (273 - 73)}{273 + 27} = 0.33$

답 ① 2, ② 3, ③ 0.33

24

다음과 같은 조건인 LPG/air 가스의 웨버지수를 구하시오.

① 발열량 : 10,800[kcal/Nm³]
② 비중 : 0.64

풀이 $WI = \dfrac{H}{\sqrt{d}} = \dfrac{10,800}{\sqrt{0.64}} = 13,500$

답 13,500

25

상용압력이 15[MPa]일 때 내압시험, 기밀시험, 안전밸브 작동압력 [MPa]을 구하시오.

풀이
- Tp(내압시험압력) = 상용압력×1.5 = 15×1.5
  = 22.5[MPa]
- Ap(기밀시험압력) = 상용압력 이상 = 15[MPa]
- 안전밸브 작동압력 = Tp×0.8 = 22.5×0.8
  = 18[MPa]

답
- 내압시험 작동압력 : 22.5[MPa]
- 기밀시험 작동압력 : 15[MPa]
- 안전밸브 작동압력 : 18[MPa]

26

최고충전압력이 120[atm](게이지)인 고압가스 용기에 산소가 35[℃]에서 120[atm](게이지)로 충전되어 있다. 이 용기가 화재로 인한 온도상승으로 안전밸브가 작동하였을 때 산소의 온도[℃]를 구하시오.

문제에 해당하는 핵심 키워드를 적어보세요.

풀이
$$\frac{P_1}{T_1} = \frac{P_2}{T_2}$$
$$T_2 = \frac{T_1 P_2}{P_1}$$
$$= \frac{(273+35) \times \left(120 \times \frac{5}{3} \times 0.8 + 1\right)}{121}$$
$$= 409.82[K]$$
$$= 136.82[℃]$$

답 136.82[℃]

안전밸브 작동압력 = 내압시험압력 × 0.8
여기서, 내압시험압력 = 최고충전압력 × $\frac{5}{3}$
즉, 안전밸브 작동압력 = 최고충전압력 × $\frac{5}{3}$ × 0.8
하지만 게이지 압력이므로 대기압이 더한 것이 최종 P_2가 된다.

27

메탄의 폭발범위는 5 ~ 15[%]이다. 위험도를 구하시오.

문제에 해당하는 핵심 키워드를 적어보세요.

풀이 $H = \frac{U-L}{L} = \frac{15-5}{5} = 2$

답 2

28

어떤 기체가 10[L]의 용기에서 4[atm·g]이었을 때, 이 기체를 20[L]의 용기로 옮길 경우, 온도가 일정하다면 이때의 절대압력[atm·a]을 구하시오.

문제에 해당하는 핵심 키워드를 적어보세요.

풀이
$P_1 V_1 = P_2 V_2$
$(4+1) \times 10 = P_2 \times 20$
$P_2 = 2.5[atm \cdot a]$

답 2.5[atm·a]

29

대기압이 755[mmHg]이고, 게이지압력이 1.25[kgf/cm^2]이다. 이때 절대압력 [kgf/cm^2]은 얼마인지 구하시오.

문제에 해당하는 핵심 키워드를 적어보세요.

풀이 절대압력 = 대기압 + 게이지압력

$$= \left(\frac{755}{760} \times 1.0332\right) + 1.25 = 2.276$$

답 2.28[kgf/cm^2]

30

표준상태에서 프로판 액체 1[L]를 기체로 바꿨을 때 부피는 몇 배 증가하는지 구하시오 (단, 프로판 분자량 44[g], 액비중 0.5[kg/L], 1[mol] = 22.4[L]).

문제에 해당하는 핵심 키워드를 적어보세요.

풀이 ① $\frac{500}{44} \times 22.4 = 254.55$배

② $PV = nRT$

$1 \times V = \frac{500}{44} \times 0.082 \times 273 = 254.39$배

표준상태는 주로 1atm, 0℃으로 푼다.

답 이 문제는 2가지 형태로 풀이가 가능합니다.

PART 04

실기[필답형]
예상문제200선

실기[필답형] 예상문제 200선

01

용기에서 최고 충전압력이 10[MPa]일 때 안전밸브 작동압력은 몇 [MPa]인지 쓰시오.

풀이 안전밸브 작동압력 = $10 \times \dfrac{5}{3} \times 0.8 = 13.33$[MPa]

답 13.33[MPa]

02

도시가스의 공급방식 3가지를 쓰시오.

- 직접가스 공급방식
- 공기혼합 공급방식
- 변성가스 공급방식

03

가스기구 중 플레어 스택의 정의를 설명하시오.

가연성 또는 독성 가스의 고압가스설비 중 특수반응설비와 긴급차단장치를 설치한 고압가스설비에 이상상태 발생 시 설비 안 내용물을 설비 밖으로 긴급안전하게 이송시키는 설비로서 가연성 가스를 연소시켜 방출시키는 탑

04

다음 물음에 답하시오.

> 가. CO와 Cl_2를 반응시켜 포스겐을 제조할 때 사용되는 촉매는?
> 나. 포스겐의 건조제는?

가. 활성탄
나. 진한 황산

05

지하에 매설한 철관은 철의 녹에 의한 부식 이외에도 철관을 둘러싸고 있는 주위 환경 사이에서 발생되는 전기화학적 반응으로 철관이 부식하게 되는데 이러한 반응을 일으키는 요인 2가지만 쓰시오.

- 이종금속 접촉에 의한 부식
- 국부전지에 의한 부식
- 농염전지 작용에 의한 부식
- 미주 전류에 의한 부식
- 박테리아에 의한 부식

06

도시가스의 압력을 고압, 중압, 저압으로 구분할 때의 압력[MPa]을 쓰시오.

- 고압 : 1[MPa] 이상
- 중압 : 0.1[MPa] 이상 1[MPa] 미만의 압력(다만, 액화가스가 기화되고 다른 물질과 혼합되지 아니한 경우 0.01[MPa] 이상 0.2[MPa] 미만)
- 저압 : 0.1[MPa] 미만의 압력(다만, 액화가스가 기화되고 다른 물질과 혼합되지 아니한 경우 0.01[MPa] 미만)

07

부취제 주입 시 액체주입방식 3가지를 쓰시오.

- 펌프주입방식
- 적하주입방식
- 미터연결 바이패스 방식

08

다음 ( )을 채우시오.

상온 스프링은 배관의 (①)을 미리 계산하여 관의 길이를 약간 짧게 절단하여 강제 배관을 함으로써 (②)을 흡수하는 방법이다. 이 경우 절단하는 길이는 계산에서 얻은 (③)의 $\frac{1}{2}$ 정도로 한다.

① 자유팽창
② 열팽창
③ 자유팽창량

09

용접부의 결함 검사를 확인할 수 있는 비파괴검사방법 3가지를 쓰시오.

- 초음파검사
- 침투검사
- 방사선투과검사

10

안전장치 규격에 대해 다음 ( ) 안을 채우시오.

> 액화가스의 고압가스설비 등에 부착되어 있는 스프링식 안전밸브는 (①)의 온도에 있어서 당해 고압가스설비 등 안의 액화가스 상용의 체적이 당해 고압가스설비 내용적의 (②)[%]까지 팽창하게 되는 온도에 대응하는 당해 고압가스설비 등의 압력에서 작동하는 것이어야 한다.

① 상용
② 98

11

고압용기의 안전장치의 종류 3가지를 쓰시오.

- 긴급차단장치
- 안전밸브
- 바이패스 밸브

12

다음 가스의 안정적 희석제를 쓰시오.

> 가. C_2H_2
> 나. HCN
> 다. C_2H_4O

가. 질소, 메탄, 일산화탄소, 에틸렌
나. 황산, 아황산, 동, 동망
다. 질소, 이산화탄소, 수증기

13
2단 감압조정기의 장점 3가지를 쓰시오.

- 공급압력이 안정하다.
- 중간배관이 가늘어도 된다.
- 배관 입상에 의한 압력손실이 보정된다.
- 각 연소기구에 알맞은 압력으로 공급이 가능하다.

14
다음 설명에 부합되는 전기방식법의 종류를 쓰시오.

> 장치의 양극(+)은 매설 배관 등이 설치되어 있는 토양이나 수중에 설치한 외부전원용 전극에 접속하고 음극(−)은 매설 배관 등에 접속시켜 전기적 부식을 방지하는 방법을 말한다.

외부전원법

15
다음 (   )에 적합한 단어를 쓰시오.

> LPG 사용시설에서 가스소비량이 (①)를 초과하는 연소기가 연결된 배관 또는 연소기사용압력이 3.3[kPa]를 초과하는 배관에는 (②)를 설치할 수 있다.

① 19,400[kcal/h]
② 배관용 밸브

16
산소 압축기에 사용되는 윤활제는 무엇인지 쓰시오.

물 또는 10[%] 이하의 글리세린수

17

유수 중에 그 수온의 증기압보다 낮은 부분이 생기면 물이 증발을 일으키고 기포를 발생하는 현상을 무엇이라고 하는지 쓰시오.

캐비테이션 현상

18

가스장치에서의 안전밸브의 역할에 대하여 설명하시오.

용기 또는 탱크 등에서 이상 압력 상승 시 작동하여 압력을 외부로 방출하여 압력을 정상화시킴으로 장치 또는 설비의 폭발을 방지하는 안전장치이다.

19

고압장치 내 역류방지밸브의 기능을 서술하시오.

펌프나 배관 중에 유체의 역류를 방지하는 역할을 한다.

20

다음 설명에 해당되는 용어가 무엇인지 쓰시오.

> 염공에서 가스의 유출속도가 연소속도보다 클 때 염공에 접하지 않고 염공을 떠나 연소하는 현상

선화(리프팅) 현상

21

다음 빈칸을 채우시오.

> 도시가스 공급시설의 기밀시험은 최고사용압력 (①)배 또는 (②)[kPa] 이상으로 하여야 한다.

① 1.1
② 8.4

22

연소 시 양이온 전자가 생성되는 불꽃 이온화 현상에 바탕을 둔 것으로 유기화합물 분석에 사용되는 검출기의 종류는 무엇인지 쓰시오.

불꽃 이온화 검출기(FID)

23

LP가스 저장탱크를 지하에 설치 시 탱크 정상부와 지면과의 이격 거리는 몇 [cm] 이상인지 쓰시오.

60[cm] 이상

24

다음 가스에 사용되는 윤활유의 종류를 쓰시오.

> 가. 공기
> 나. 산소
> 다. LPG
> 라. Cl_2

가. 양질의 광유
나. 물 또는 10[%] 이하의 글리세린수
다. 식물성유
라. 진한 황산

25

펌프 사용 시 장단점을 쓰시오.

- 장점
  - 재액화 우려가 없다.
  - 드레인 현상이 없다.
- 단점
  - 충전시간이 길다.
  - 잔가스 회수가 불가능하다.
  - 베이퍼 록 현상이 있다.

26
압축기 사용 시 장단점을 쓰시오.

문제에 해당하는 핵심 키워드를 적어보세요.

- 장점
  - 펌프에 비해 이송시간이 짧다.
  - 잔가스 회수가 가능하다.
  - 베이퍼 록 현상의 우려가 없다.
- 단점
  - 재액화될 우려가 있다.
  - 드레인 우려가 있다.

27
염공이 가져야할 조건을 쓰시오.

문제에 해당하는 핵심 키워드를 적어보세요.

- 불꽃이 안정하게 형성될 수 있을 것
- 가연물에 적절한 배열일 것
- 모든 염공에 빠르게 화염이 전파될 것
- 먼지 등에 막히지 않고 손질이 용이할 것

28
LP가스 연소기구가 갖추어야 할 조건을 쓰시오.

문제에 해당하는 핵심 키워드를 적어보세요.

- LPG를 완전연소 시킬 것
- 열을 유효하게 사용할 수 있을 것
- 취급이 간단하고 안정성이 있을 것

29
다음 ( )를 채우시오.

통풍가능면적은 1[m²]당 (①)[cm²]이고 1개 환기구면적 (②)[cm²] 이하이며 기계환기설비의 통풍능력은 1[m²]당 (③)[m³/min]이다.

문제에 해당하는 핵심 키워드를 적어보세요.

① 300
② 2,400
③ 0.5

30

가스계량기 선정 시 고려할 사항 4가지를 쓰시오.

- 사용 최대유량에 적합한 계량 용량일 것
- 내압, 내열성이 있으며 기밀성, 내구성이 좋을 것
- 사용 중 기차 변화가 없고 정확하게 계측할 수 있을 것
- 부착이 쉽고 유지, 관리가 용이할 것

31

가스 누출 차단기의 3요소를 쓰시오.

- 검지부
- 제어부
- 차단부

32

전기방식시설의 유지관리를 위해 전위측정용 터미널을 설치하는 간격은 얼마인지 쓰시오.

- 외부전원법 : 500[m] 이내
- 배류법, 희생양극법 : 300[m] 이내

33

LPG 연소 시 특징을 5가지 쓰시오.

- 연소 시 다량의 공기가 필요하다.
- 발열량이 크다.
- 착화온도가 높다.
- 연소속도가 늦다.
- 연소성이 좋아서 완전 연소한다.

34

베이퍼 록 현상에 대해 쓰고, 방지책 3가지를 쓰시오.

- 베이퍼 록 현상 : 저 비점 액체를 이송 시 펌프 입구 쪽에서 액체가 끓는 현상
- 방지책
  - 펌프의 설치 위치를 낮춘다.
  - 흡입관경을 크게 한다.
  - 흡입관을 단열 처리한다.
  - 유속을 줄인다.

35

가스액화 분리장치의 구성요소 3가지를 쓰시오.

- 한랭발생장치
- 정류장치
- 불순물제거장치

36

충전구 나사에 V홈을 표시한 것은 무엇을 나타내는지 쓰시오.

왼나사

37

폭굉유도거리란 무엇이며 폭굉유도거리가 짧은 경우 4가지를 쓰시오.

- 폭굉유도거리 : 최초의 완만한 연소가 격렬한 폭굉으로 발전할 때까지의 거리
- 폭굉유도거리가 짧은 경우
  - 고압일수록
  - 정상 연소속도가 큰 혼합가스일수록
  - 관 속에 방해물이 있거나 관경이 가늘수록
  - 점화원의 에너지가 클수록

38

도시가스 사용시설 기준에서 정압기의 기밀시험압력에 대하여 설명하시오.

- 입구측 : 최고사용압력의 1.1배
- 출구측 : 최고사용압력의 1.1배 또는 8.4[kPa] 중 높은 압력

39

비파괴시험을 하지 않아도 되는 도시가스 배관의 종류 3가지를 쓰시오.

- PE배관
- 저압으로 노출된 사용자 공급관
- 호칭경 80[A] 미만인 저압 배관

40

액화석유가스 충전소에서 저장탱크를 지하에 설치하는 경우에는 철근콘크리트로 저장 탱크실을 만들고 그 실내에 설치하여야 한다. 이때 저장탱크 주위의 빈 공간에 무엇을 채워야 하는지 쓰시오.

마른 모래

41

다량의 액화가스 누출 시 한정된 범위를 벗어나지 않도록 액화가스를 차단하는 제방의 명칭을 쓰시오.

방류둑

42

가연성 가스의 위험등급 또는 방폭구조의 폭발등급 기준이 되는 가스는 무엇인지 쓰시오.

CH_4

43

전용 보일러실에 설치하지 않아도 되는 보일러의 종류 3가지를 쓰시오.

- 밀폐식 보일러
- 가스 보일러를 옥외에 설치한 경우
- 전용 급기통을 부착시키는 구조로 검사에 합격한 강제 배기식 보일러

44

시안화수소의 검사방법과 검사횟수를 쓰시오.

- 검사방법 : 질산구리벤젠지의 시험지로 검사
- 검사횟수 : 1일 1회 이상

45

가스의 배관 색상에 대해 다음 물음에 답하시오.

가. 지상배관은 ( )
나. 최고사용압력이 중압인 지하배관은 ( )

가. 황색
나. 적색

46

LPG 자동차 충전기에 대하여 다음 물음에 답하시오.

가. 충전호스의 길이[m]는?
나. 호스의 끝에 설치하여야 할 장치는?

가. 5[m] 이내
나. 정전기 제거장치

47

릴리프식 안전장치가 내장된 조정기를 실내에 설치 시 실외의 안전한 장소에 설치하여야 할 설비는 무엇인지 쓰시오.

가스방출구

48

고압가스 안전관리법에서 독성 가스의 기준이 되는 허용농도의 종류와 그 정의를 설명하시오.

가. 기준농도 : LC_{50}
나. 정의 : 성숙한 흰쥐의 집단에서 1시간 흡입 실험에 의하여 14일 이내 실험동물의 50[%]가 사망할 수 있는 농도로서 허용농도 5,000[ppm] 이하를 독성 가스라 한다.

49

고압가스 특정설비 중 이입과 분리에 위험을 감소하기 위하여 용기를 장착하여 고압가스 등을 사용하기 위한 것으로 배관과 안전장치 등이 일체로 구성된 특정설비의 명칭은 무엇인지 쓰시오.

실린더 캐비닛

※ 개정사항
고압가스용 실린더캐비닛이란 다음 중 어느 하나에 해당하는 설비를 말한다.
- 용기를 장착하여 고압가스 등을 저장하고 사용하기 위한 것으로서 배관과 안전장치 등이 일체로 구성된 설비
- 가연성 또는 독성가스를 저장하기 위한 것으로서 배관 없이 안전장치 등이 일체로 구성된 설비

50

연소현상에서 일어날 수 있는 백파이어(역화)의 정의를 설명하시오.

가스의 연소속도가 유출속도보다 커서 내부에서 연소하는 현상

51

다음 표시된 비파괴검사의 용어를 쓰시오.

가. AE
나. PT
다. MT
라. RT

가. 음향검사
나. 침투탐상검사
다. 자분탐상검사
라. 방사선투과검사

52

다음 물음에 답하시오.

가. 아세틸렌을 녹일 수 있는 용제 2가지를 쓰시오.
나. 아세틸렌 제조를 위한 설비 중 아세틸렌에 접촉하는 부분에 동 함유량이 몇 [%] 초과하면 사용이 안 되는지를 쓰시오.

가. 아세톤, DMF
나. 62[%] 초과

53

연소기에 설치하는 안전장치 종류 3가지를 쓰시오.

- 정전안전장치
- 역풍방지장치
- 소화안전장치

54

다음에 설명하는 도시가스의 원료는 무엇인지 쓰시오.

원유의 상압증류에 의해 생산되는 비점 200[℃] 이하의 유분을 말하며, 도시가스 석유화학 합성비료의 원료로 널리 사용된다.

나프타

55

도시가스 배관을 공동주택 부지 안에 매설 시 매설깊이[m]를 쓰시오.

0.6[m] 이상 깊이 유지

56

도시가스 배관을 지하에 매설 시 배관의 매설 심도를 확보할 수 없는 경우 설치하여야 하는 가스 시설물의 명칭을 쓰시오.

보호판

57

액화가스를 충전하는 탱크는 그 내부에 액면요동을 방지하기 위하여 무엇을 설치하여야 하는지 쓰시오.

방파판

58

다음 ( )를 채우시오.

저장탱크 내의 액화가스가 액체 상태로 누설된 경우 저장탱크의 한정된 범위를 벗어나 다른 곳으로 유출되는 것을 방지하기 위하여 방류둑을 설치하며, 방류둑의 재료는 (①)이며, 방류둑은 (②)한 것이어야 하며, 방류둑의 경사는 (③)도 이하, 정상부의 폭은 (④) 이상이어야 한다.

① 철근콘크리트
② 액밀
③ 45
④ 30[cm]

참고 방류둑의 재료는 철근콘크리트, 철골·철근콘크리트, 금속, 흙 또는 이들을 혼합한 것으로 한다.

59

고압가스를 운반 시 운반등록의 대상이 되는 경우 3가지를 쓰시오.

- 차량에 고정된 탱크로 고압가스를 운반하는 차량
- 차량에 고정된 2개 이상을 이음매 없이 연결한 용기로 고압가스를 운반하는 차량
- 산업통상자원부령으로 정하는 탱크 컨테이너로 고압가스를 운반하는 차량
- 허용농도가 100만분의 200 이하인 독성 가스를 운반하는 차량

60

다음 연소기의 형식에 따른 연소용 공기를 취하는 장소와 폐가스를 방출하는 장소를 각각 쓰시오.

가. 반밀폐형(FE)
나. 밀폐형(FF)

가. 연소용 공기를 실내에서 취하고, 폐가스를 옥외로 방출
나. 연소용 공기를 옥외에서 취하고, 폐가스를 옥외로 방출

61

위험장소 중 0종 장소에 대하여 설명하시오.

폭발성 가스 분위기가 연속적으로, 장기간 또는 빈번하게 존재하는 장소를 말한다.

62

액화석유가스의 사용시설에서 조정기의 조정압력이 3.3[kPa] 미만일 때, 압력조정기 출구에서 연소기 입구까지의 호스 기밀시험압력을 쓰시오.

압력조정기 출구에서 연소기 입구까지의 호스는 다음의 압력으로 기밀시험(정기검사 시에는 사용압력 이상의 압력으로 실시하는 누출검사)을 실시하여 누출이 없도록 한다.
- 조정기의 조정압력 3.3[kPa] 미만인 것은 8.4[kPa] 이상의 압력
- 조정기의 조정압력 3.3[kPa] 이상 30[kPa] 이하인 것은 35[kPa] 이상의 압력
- 조정기의 조정압력 30[kPa] 초과인 것은 상용압력의 1.1배 또는 35[kPa] 중 높은 압력

63

가스계량기에서 다음 문구에 대하여 설명하시오.

가. Q_{max} : 1.3[m³/h]
나. V : 0.5[L/Rev]
다. 병용
라. 2020.11

가. 시간당 최대유량이 1.3[m³]
나. 계량실 1주기 체적이 0.5[L]
다. LPG, 도시가스 어느 것에도 사용 가능
라. 검정유효기간 : 2020년 11월까지

64

지상의 고압가스 배관은 황색으로 도색하여야 하는데 황색으로 도색을 하지 않을 경우 조치사항을 쓰시오.

바닥에서 1[m] 높이, 폭 3[cm]의 황색 띠를 이중으로 표시하여 가스배관임을 알아보게 한다.

65

가스계량기의 고장 중 ①불통, ②부동의 정의를 각각 쓰시오.

① 불통 : 가스가 가스계량기를 통과하지 않는 고장
② 부동 : 가스는 가스계량기를 통과하나 지침이 작동하지 않는 고장

66

주로 LPG 지하저장탱크에 설치되는 액면계로서 액면이 차있는 부분의 관을 상하로 이동시켜 관내에서 분출되는 기체, 액체의 경계면으로서 액면을 측정하는 액면계의 명칭은 무엇인지 쓰시오.

슬립튜브식 액면계

67

LPG 자동차 충전시설에서 차량에 고정된 탱크에서 LPG를 저장탱크로 이입할 수 있도록 건축물 외부에 설치하는 설비는 무엇인지 쓰시오.

로딩암

68

압축가스인 산소의 충전용기에 대하여 아래 물음에 답하시오.

가. 공업용인 경우 용기색은?
나. 의료용인 경우 용기색은?
다. 안전밸브 형식은?

가. 녹색
나. 백색
다. 파열판식

69

가스연소 중의 이상현상 중 블로우 오프에 대하여 설명하시오.

불꽃 주위 공기의 움직임이 강해지면 불꽃이 노즐에 정착하지 않고 꺼져 버리는 현상

70

독성가스 정의 중 LC₅₀의 내용이다. ( ) 안에 적당한 단어 또는 숫자를 기입하시오.

> LC₅₀이란 성숙한 (①)의 집단에 대해 대기 중에서 (②) 시간 동안의 흡입실험에 의하여 (③)일 이내에 실험동물의 (④)[%]를 사망시킬 수 있는 가스의 농도이다.

① 흰쥐
② 1
③ 14
④ 50

71

과류차단 안전기구가 부착된 콕의 종류 2가지를 쓰시오.

퓨즈 콕, 상자 콕

72

비파괴 검사 방법 중 방사선 투과시험(RT)의 장점, 단점을 각각 2가지 쓰시오.

- 장점
  - 신뢰성이 있다.
  - 영구보존이 가능하다.
  - 내부 결함 추출이 우수하다.
- 단점
  - 비용이 고가이다.
  - 시간 수요가 많다.
  - 건강상 문제가 있다.

73

정압기 중 가장 기본이 되는 직동식 정압기가 2차 압력이 설정압력보다 낮을 때의 작동 원리를 설명하시오.

연소기에서 가스를 사용하고 있는 경우로서, 스프링의 힘이 다이어프램의 힘을 이기지 못하고 조절밸브가 아래로 내려옴에 따라 가스의 유량이 증가 2차 압력을 설정압력으로 회복시킨다.

74

고압가스 안전관리의 1종 보호시설에 대한 설명이다. 다음 ( ) 안에 알맞은 것을 쓰시오.

> 가. 학교·유치원·어린이집·놀이방·어린이놀이터·경로당·청소년수련시설·학원·병원(의원을 포함)·도서관·시장·공중목욕탕·호텔 및 여관, 극장, 교회 및 공회당
> 나. 사람을 수용하는 건축물(가설건축물을 제외)로서 사실상 독립된 부분의 연면적이 (①)[m²] 이상인 것
> 다. 예식장·장례식장 및 전시장, 그 밖에 이와 유사한 시설로서 (②)명 이상 수용할 수 있는 건축물
> 라. 아동복지시설 또는 장애인복지시설로서 (③)명 이상 수용할 수 있는 건축물
> 마. 문화재보호법에 의하여 지정문화재로 지정된 건축물

① 1,000
② 300
③ 20

75

LPG 자동차 충전호스에 과도한 힘을 가할 시 자동으로 분리되는 장치를 쓰시오.

안전 커플링(safety coupling)

76

가스 연소 시 총 발열량에서 수증기의 증발잠열을 제외한 열량이 무엇인지 쓰시오.

진발열량

77

가스설비 내에 수리보수 후 누설여부를 측정하기 위하여 기밀시험용 가스로 산소를 사용할 때의 위험성에 대하여 설명하시오.

산소는 조연성 가스이므로 가연성 가스와 결합하여 폭발범위 조성 시 인화폭발의 우려가 있다.

78

방폭구조의 폭발등급 측정 시 최소점화전류비의 기준이 되는 가스를 쓰시오.

메탄

79

각 열처리방식의 목적을 쓰시오.

가. 담금질
나. 뜨임
다. 풀림
라. 불림

가. 강도 및 경도의 증가
나. 내부응력 제거, 인장강도 및 연성 부여
다. 잔류응력 제거 및 조직의 연화강도 증가
라. 결정조직의 미세화

80

도시가스의 제조, 공급 시설 중 가스홀더의 기능 4가지를 쓰시오.

- 가스수요의 시간적 변동에 대하여 일정제조 가스량을 안정하게 공급하고 남는 가스는 저장한다.
- 정전배관공사, 공급설비의 일시적 지장에 대하여 어느 정도 공급을 확보한다.
- 조성, 변동하는 가스제조를 저장, 혼합하여 공급가스의 열량성분 연소성을 균일화한다.
- 홀더설치 시 피크일 때 각 지구공급을 가스홀더에 의해 공급함과 동시에 배관의 수송효율을 높인다.

81

20[℃], 100[kPa(g)] 50[m³]를 가지는 가스가 온도 50[℃], 500[kPa(g)]로 변할 때 부피는 몇 [m³]가 되는지 구하시오 (단, 1[atm] = 101.325 [kPa]이다).

풀이 $\dfrac{P_1 V_1}{T_1} = \dfrac{P_2 V_2}{T_2}$ 에서

$$V_2 = \dfrac{P_1 V_1 T_2}{T_1 P_2}$$

$$= \dfrac{(100 + 101.325) \times 50 \times (273 + 50)}{(273 + 20) \times (500 + 101.325)}$$

$$= 18.454 = 18.45 [m^3]$$

답 18.45[m³]

82

50[℃]의 물 50[L], 60[℃]의 물 100[L]를 20[℃]의 물 150[L]에 혼합 시 혼합 온도를 구하시오.

풀이 $t = \dfrac{G_1 t_1 + G_2 t_2 + G_3 t_3}{G_1 + G_2 + G_3}$

(비열 C는 동일하므로 생략)

$$= \dfrac{50 \times 50 + 100 \times 60 + 150 \times 20}{50 + 100 + 150} = 38.33[℃]$$

답 38.33[℃]

83

O_2 가스 50[L] 용기에 법정압력으로 (F_p 만큼)충전 시 다음 물음에 답하시오.

가. 저장능력[m³]은 얼마인가?
나. 이 값을 표준상태의 질량[kg] 값으로 환산하면 얼마인가?

풀이 가. $Q = (10P + 1)V = (10 \times 15 + 1) \times 0.05$
$= 7.55[m^3]$

나. $\dfrac{7.55[m^3]}{22.4[m^3]} \times 32[kg] = 10.785 = 10.79[kg]$

답 가. 7.55[m³]
나. 10.79[kg]

고압가스를 충전하는 용기는 내부의 압력이 15MPa 정도의 고압으로 가스를 충전하게 된다.

84

저압배관 유량식을 쓰고 단위를 설명하시오.

$$Q = K\sqrt{\dfrac{D^5 \cdot H}{S \cdot L}}$$

- Q : 가스의 유량[m³/h]
- D : 관 안지름[cm]
- H : 압력손실[mmH₂O]
- S : 가스의 비중
- L : 관의 길이[m]
- K : 유량계수(폴의 상수 : 0.707)

85

내용적 40[L]인 충전용기를 수조식 내압시험 장치에서 내압시험을 한 결과 영구증가량이 25[mL], 전증가량이 300[mL]일 때 영구증가율[%]을 계산하여 합격, 불합격을 판정하고 그 이유를 설명하시오.

[풀이] 영구증가율 = $\dfrac{\text{영구증가량}}{\text{전증가량}} \times 100 = \dfrac{25}{300} \times 100$

= 8.33

[답]
- 영구증가율 : 8.33[%]
- 판정 : 합격
- 이유 : 영구증가율이 10[%] 이하가 합격이 되기 때문에

86

CH₄ 10[%], C₄H₁₀ 30[%], C₂H₆ 60[%]인 혼합가스의 공기 중 폭발범위를 계산하시오.

[풀이]
- 폭발하한 : $\dfrac{100}{L} = \dfrac{10}{5} + \dfrac{30}{1.8} + \dfrac{60}{3}$

  $L = 2.59[\%]$

- 폭발상한 : $\dfrac{100}{L} = \dfrac{10}{15} + \dfrac{30}{8.4} + \dfrac{60}{12.5}$

  $L = 11.06[\%]$

[답] 폭발범위 2.59 ~ 11.06[%]

87

발열량 5,000[kcal/Nm³]인 어느 도시가스의 비중이 0.55일 때 웨버지수를 계산하시오.

풀이 $WI = \dfrac{H}{\sqrt{d}} = \dfrac{5,000}{\sqrt{0.55}} = 6,741.998 = 6,742.00$

답 6,742

88

송수량 6,000[L/min], 양정 45[m]인 원심펌프의 축동력[kW]를 계산하시오.

풀이 $[kW] = \dfrac{1,000 \times 6 \times 45}{102 \times 60} = 44.117 = 44.12[kW]$

답 44.12[kW]

- r : 비중량[kg/m³]
- Q : 유량[m³/sec]
- H : 양정[m]
- η : 효율($\eta < 1$)

89

내용적 50[L]인 용기에 다공도 90[%]인 다공성 물질이 충전되어 있고 비중이 0.795, 내용적의 45[%] 만큼의 아세톤이 차지할 때 이 용기에 충전되어 있는 아세톤 양[kg]을 구하시오.

풀이 $50L \times 0.45 \times 0.795[kg/L] = 17.8875[kg]$

답 17.8875[kg]

90

내용적 117.5[L] 용기에 C_3H_8 50[kg] 충전 시 액비중이 0.5일 때 안전공간[%]을 계산하시오.

풀이 $50[kg] \div 0.5[kg/L] = 100[L]$

$\therefore \dfrac{117.5 - 100}{117.5} \times 100 = 15[\%]$

답 15[%]

91

온수기의 능력이 물 5[L/min]을 25[℃] 상승시킬 때 이 온수기의 Input량이 10,000[kcal/h]이면 열효율을 구하시오.

풀이 실제 전달열량 = $5 \times 1 \times 25 \times 60 = 7,500$[kcal/h]

열효율 = $\dfrac{\text{실제 전달열량}}{\text{전발열량}} \times 100 = \dfrac{7,500}{10,000} \times 100$

= 75[%]

답 75[%]

$Q = G \cdot C \cdot \Delta t$
물의 비열 C = 1kcal/kg℃
물의 밀도 = 1kg/L 이므로 L는 kg으로 바꿀 수 있다.

92

5[cm]의 관경에서 유속이 2[m/s]일 때 10[cm]의 관경에서 유속 [m/s]은 얼마인지 구하시오. (단, 유량은 동일하다)

풀이 $A_1 V_1 = A_2 V_2$ 이므로

$\therefore V_2 = \dfrac{A_1 V_1}{A_2} = \dfrac{\frac{\pi}{4} \times 5^2 \times 2}{\frac{\pi}{4} \times 10^2} = 0.5$[m/s]

답 0.5[m/s]

93

길이 50[m]인 배관(안지름 100[mm])에 5개의 엘보를 설치했을 때 전 상당길이는 얼마인지 구하시오 (단, 엘보 1개의 상당길이는 32[m]로 한다).

풀이 전 상당길이 = 관 길이 + 관경×엘보 수
　　　　　　　　×1개당 상당 길이
= $50 + 0.1 \times 5 \times 32 = 66$[m]

답 66[m]

94

NH₃ 100[g] 생성 시 필요한 공기의 양[L]을 구하시오 (단, 공기 중의 질소는 80[%]로 한다).

풀이 $N_2 + 3H_2 \rightarrow 2NH_3$

NH₃ 2몰(분자량 34[g]) 생성 시 필요한 질소의 양[L]은 N_2 1[mol](22.4[L])이므로

NH₃ 100[g] 생성 시 필요한 질소의 양을 구하면

$\dfrac{100}{34} \times 22.4 = 65.882[L]$이다.

공기량으로 구하면 $65.882 \times \dfrac{100}{80} = 82.35[L]$

답 82.35[L]

95

다음 [조건]으로 입상배관의 압력손실[mmH₂O]을 구하시오.

[조건]
- 비중 : 1.65
- 입상높이 : 10[m]

풀이 $h = 1.293(S - 1)H = 1.293 \times (1.65 - 1) \times 10$
$= 8.4045[mmH_2O]$

답 8.4045[mmH₂O]

96

최고 충전압력이 5[atm·a]일 때 3[atm·a]으로 충전 시 온도가 20[℃]이다. 이때 온도가 최고로 상승하면 몇 [℃]인지 구하시오.

풀이 $\dfrac{P_1 V_1}{T_1} = \dfrac{P_2 V_2}{T_2}$ 에서 $V_1 = V_2$ 이므로

$T_2 = \dfrac{P_2 T_1}{P_1} = \dfrac{5 \times (273 + 20)}{3} = 488.33[K] - 273$
$= 215.33[℃]$

답 215.33[℃]

97

C_3H_8의 충전상수가 2.35이다. 10[ton] 저장 시 내용적 [m^3]은 얼마인지 구하시오.

> 문제에 해당하는 핵심 키워드를 적어보세요.

풀이 $V = G \times C = 10{,}000[kg] \times 2.35 = \dfrac{23{,}500[L]}{1{,}000}$

$\qquad = 23.5[m^3]$

- V : 용기의 내용적[L]
- C : 가스의 충전상수
- G : 가스의 질량[kg]

답 $23.5[m^3]$

98

어떤 식당에 가스설비 연소기가 0.4[kg/h] 8대, 0.14[kg/h] 2대, 0.85[kg/h] 1대를 사용하고 있다. 필요 최저 용기수를 구하시오 (단, 용기의 발생능력은 1.5[kg/h]이다).

> 문제에 해당하는 핵심 키워드를 적어보세요.

풀이 용기수 $= \dfrac{\text{피크시량}}{\text{가스발생량}} = \dfrac{0.4 \times 8 + 0.14 \times 2 + 0.85}{1.5}$

$\qquad = 2.88 = 3개$

답 3개

99

저장능력이 3톤 미만인 LPG 소형 저장탱크에 액비중 0.5, 내용적 7,000[L]일 때 충전 질량[kg]을 구하시오.

> 문제에 해당하는 핵심 키워드를 적어보세요.

풀이 $W = 0.85 dV = 0.85 \times 0.5 \times 7{,}000 = 2{,}975[kg]$

답 2,975[kg]

100

다음 물음에 답하시오.

> 가. C_2H_2, H_2, CH_4, C_3H_8의 위험도를 계산하시오.
> 나. 위험도가 큰 순서대로 나열하시오.

> 문제에 해당하는 핵심 키워드를 적어보세요.

가. 위험도 계산

- C_2H_2 위험도 : $\dfrac{81-2.5}{2.5} = 31.4$

- H_2 위험도 : $\dfrac{75-4}{4} = 17.75$

- CH_4 위험도 : $\dfrac{15-5}{5} = 2$

- C_3H_8 위험도 : $\dfrac{9.5-2.1}{2.1} = 3.52$

나. 위험도 순서 : $C_2H_2 > H_2 > C_3H_8 > CH_4$

101

독성가스 누출 시 제독제로 물을 사용하는 독성가스 3가지를 쓰시오.

> 문제에 해당하는 핵심 키워드를 적어보세요.

암모니아, 산화에틸렌, 염화메탄

가스 종류	제독제 종류
염소	가성소다 수용액, 탄산소다 수용액, 소석회
포스겐	가성소다 수용액, 소석회
황화수소	가성소다 수용액, 탄산소다 수용액
시안화수소	가성소다 수용액
아황산가스	가성소다 수용액, 탄산소다 수용액, 물
암모니아, 산화에틸렌, 염화메탄	물

102

프로판, 일산화탄소, 암모니아 가스의 위험도(H)를 구하고, 위험도가 큰 가스부터 작은 순으로 쓰시오.

> 문제에 해당하는 핵심 키워드를 적어보세요.

- 위험도 계산

    - 프로판 : $\dfrac{9.5-2.1}{2.1} = 3.52$

    - 일산화탄소 : $\dfrac{74-12.5}{12.5} = 4.92$

    - 암모니아 : $\dfrac{28-15}{15} = 0.86$

- 위험도 순서 : 일산화탄소 > 프로판 > 암모니아

103

정압기의 특성 4가지를 쓰시오.

정특성, 동특성, 유량특성, 사용최대차압 및 작동최소차압

104

다음 빈칸에 알맞은 내용을 쓰시오.

> 도시가스란 천연가스(액화한 것을 포함한다. 이하 같다), 배관(配管)을 통하여 공급되는 (   ), (   ), (   ) 또는 (   )로서 대통령령으로 정하는 것을 말한다.

석유가스, 나프타부생가스, 바이오가스, 합성천연가스

105

도시가스사업법 시행규칙에서 배관이란 도시가스를 공급하기 위하여 배치된 관으로써 본관, 공급관, 내관 또는 그 밖의 관이 있다. 내관은 무엇을 말하는지 서술하시오.

"내관"이란 가스사용자가 소유하거나 점유하고 있는 토지의 경계(공동주택 등으로서 가스사용자가 구분하여 소유하거나 점유하는 건축물의 외벽에 계량기가 설치된 경우에는 그 계량기의 전단밸브, 계량기가 건축물의 내부에 설치된 경우에는 건축물의 외벽)에서 연소기까지 이르는 배관을 말한다.

106

다음 보기를 보고 (   )에 들어갈 용어를 쓰시오.

[보기]
- "고압"이란 (①) 이상의 압력(게이지압력을 말한다. 이하 같다)을 말한다. 다만, 액체상태의 액화가스는 고압으로 본다.
- "중압"이란 (②) 이상 (③) 미만의 압력을 말한다. 다만, 액화가스가 기화되고 다른 물질과 혼합되지 아니한 경우에는 0.01[MPa] 이상 0.2[MPa] 미만의 압력을 말한다.
- "저압"이란 (④) 미만의 압력을 말한다. 다만, 액화가스가 기화(氣化)되고 다른 물질과 혼합되지 아니한 경우에는 0.01[MPa] 미만의 압력을 말한다.

① 1[MPa]
② 0.1[MPa]
③ 1[MPa]
④ 0.1[MPa]

107

독성가스 배관은 그 가스의 종류, 성질, 압력 및 그 배관의 주위의 상황에 따라 안전한 구조를 갖도록 하기 위해 2중관 구조로 한다. 독성가스 중 2중관으로 하여야 하는 가스종류 3가지를 쓰시오.

> 암모니아, 아황산가스, 염소, 염화메탄, 산화에틸렌, 시안화수소, 포스겐 및 황화수소

108

도시가스 공급시설 중 주요 공정 시공감리 대상을 쓰시오.

> - 일반도시가스사업자 및 도시가스사업자 외의 가스공급시설 설치자의 배관(그 부속시설을 포함한다)
> - 나프타부생가스·바이오가스 제조사업자 및 합성천연가스 제조사업자의 배관(그 부속시설을 포함한다)

109

긴급차단장치의 동력원 4가지를 쓰시오.

> 액압, 기압, 전기, 스프링

110

정압기 특성 중 사용최대차압이 무엇인지 서술하시오.

> 메인밸브에서 1차 압력과 2차 압력이 작용하여 최대로 되었을 때의 차압

111

LPG 용기에 주로 사용되는 안전밸브의 종류를 쓰시오.

> 스프링식
>
> | 안전밸브 |
> | --- |
> | • 가용전식 : 염소, 아세틸렌, 산화에틸렌 |
> | • 파열판식 : 산소, 수소, 질소, 액화이산화탄소 |
> | • 스프링식 : LPG |

112

고압가스 특정제조시설에서 실내에 설치한 저장탱크 안전밸브 방출관 설치기준을 쓰시오.

> 문제에 해당하는 핵심 키워드를 적어보세요.

지면에서 5[m] 높이 또는 저장탱크 정상부에서 2[m] 중 높은 위치

113

가스비중이 0.65인 도시가스가 입상배관 100[m]를 흐를 때 배관 내 압력손실은 수주로 몇 [mm]인가?

> 문제에 해당하는 핵심 키워드를 적어보세요.

풀이 $H = 1.293(1-S)h = 1.293 \times (1 - 0.65) \times 100$
$= 45.26 mmH_2O$

답 $45.26 mmH_2O$

입상배관 압력손실 = $1.293(S - 1)h$
※ 비중이 1보다 작을 때는 S - 1가 아닌 1 - S를 대입하여 계산한다.

114

가연성가스 검출기 중 탄광에서 발생하는 CH_4의 농도를 측정하는데 주로 사용되는 검출기는?

> 문제에 해당하는 핵심 키워드를 적어보세요.

안전등형

가연성가스 검출기
- 간섭계형 : 가스의 굴절률을 이용
- 안전등형 : 탄광에서 메탄의 발생을 검출
- 열선형 : 열전도식 - 전기적으로 가열된 열선으로 검지
  연소식 - 가스를 연소시켜 생기는 전기저항의 변화가 연소 온도에 비례하는 것을 이용
- 반도체형 : 반도체 소자에 가스가 접촉하면 전압의 변화를 이용한 것

115

공기비가 1.5인 메탄 $1[Nm^3]$ 완전 연소시키는데 필요한 공기량은 약 $[Nm^3]$인지 구하시오. (단, 공기 중의 산소농도는 20[v%]이다)

> 문제에 해당하는 핵심 키워드를 적어보세요.

풀이 $CH_4 + 2O_2 \rightarrow CO_2 + 2H_2O$

실제공기량 = $1.5 \times \dfrac{2}{0.20} = 15[Nm^3]$

답 $15[Nm^3]$

116

고압가스 저장실에서 바닥면 둘레면적이 15[m²]이다. 가스 누출 시 자연통풍시설에서의 통풍능력은 얼마인가?

- 필요한 통풍구 면적 : 15[m²] × 300[cm²] = 4,500[cm²]
- 필요한 통풍구 개수 : $\frac{4,500[cm^2]}{2,400[cm^2]}$ = 1.875 ≒ 2개 설치

바닥면적 1[m²]마다 300[cm²] 비율로 계산, 1개소 환기구의 면적 2,400[cm²] 이하, 환기구는 2방향 이상으로 분산하여 설치

117

공기액화분리장치에서 액화산소통 내의 액화산소 5[L] 중 아세틸렌의 질량이 얼마를 초과할 때 폭발방지를 위하여 운전을 정지하고 액화산소를 방출하여야 하는지 쓰시오.

5[mg]

공기액화분리기에 설치된 액화산소통 안의 액화산소 5[L] 중 아세틸렌 5[mg] 또는 탄화수소 중 탄소의 질량이 500[mg]을 넘을 경우 운전을 중지하고 액화산소를 방출하여야 한다.

118

다음이 설명하는 방폭구조의 명칭과 기호를 쓰시오.

용기가 폭발 압력에 견디고, 접하면, 개구부 등을 통하여 외부의 가연성 가스에 인화되지 아니 하도록 한 구조

내압 방폭구조(d)

119

에어졸 제조시설에는 온수시험탱크를 갖추어야 한다. 에어졸 충전용기의 가스누출시험 온수온도의 범위는 얼마인가?

46[℃] 이상 50[℃] 미만

에어졸 충전시설에는 온도를 46[℃] 이상 50[℃] 미만으로 누출시험을 할 수 있는 에어졸 충전용기의 온수시험탱크를 갖출 것

120

외경이 300[mm]이고, 두께가 30[mm]인 가스용 폴리에틸렌(PE)관의 사용 압력범위는 몇 [MPa] 이하인가?

> 문제에 해당하는 핵심 키워드를 적어보세요.

0.4[MPa] 이하

$$SDR = \frac{D}{t} = \frac{외경}{두께} = \frac{300[mm]}{32[mm]} = 10SDR$$

상당 SDR	압력[MPa]
11 이하	0.4
17 이하	0.25
21 이하	0.2

[비고] 상당 SDR값은 다음 식에 따라 구한다.
SDR = D/t
여기에서,
D : PE밸브에 연결되는 배관의 표준외경[mm]
t : PE밸브에 연결되는 배관으로써 PE밸브 이음매 재질의 강도와 같고, 표준외경 D에서 SDR값이 최소인 배관의 두께[mm]

121

차량에 고정된 탱크에서 LPG충전시설의 저장탱크로 이입할 수 있는 장치로서 건축물이나 저장시설외부에 설치하는 이송장치 명칭을 쓰시오.

> 문제에 해당하는 핵심 키워드를 적어보세요.

로딩암

122

용접부에 나타나는 결함 2가지를 쓰시오.

> 문제에 해당하는 핵심 키워드를 적어보세요.

슬래그혼입, 언더컷, 오버랩

123

나사압축기에서 숫로터 직경 150[mm], 로터 길이 100[mm] 숫로터 회전수 350[rpm]이라고 할 때 이론적 토출량은 약 몇 [m³/min]인가? (단, 로터 형상에 의한 계수(Cv)는 0.476이다)

> *문제에 해당하는 핵심 키워드를 적어보세요.

풀이 나사압축기
$Q = C_v \times D^2 \times L \times N$ 에서
$Q = 0.476 \times 0.15^2 \times 0.1 \times 350 = 0.3748 [m^3/min]$

답 $0.3748[m^3/min]$

124

다음은 가스의 용해도에 관한 설명이다. 빈 곳에 들어갈 알맞은 용어를 쓰시오.

> 가스의 용해도는 온도가 (①)수록, 압력은 (②)수록 용해가 잘 된다.

① 낮을
② 높을

125

습식 가스 미터에 대한 물음에 답하시오.

> 가. 습식 가스 미터의 특징 4가지를 쓰시오.
> 나. 용도에 대하여 쓰시오.

가. 특징
- 계량이 정확하다.
- 사용 중 오차의 변동이 적다.
- 사용 중에 수위조정 등의 관리가 필요하다.
- 설치면적이 크다.

나. 기준용, 실험실용

126

다이어프램 가스미터의 특징 3가지를 쓰시오.

- 가격이 저렴하다.
- 유지관리에 시간을 요하지 않는다.
- 대용량의 것은 설치면적이 크다.
- 용량범위가 1.5 ~ 200[m^3/h]로 일반수용가에 사용된다.

127

차압식 유량계의 종류에는 오리피스, 벤투리, 플로노즐이 있다. 이 유량계의 측정원리는 무엇인가?

베르누이 정리

128
표시유량 이상의 가스량이 통과되었을 경우 가스유로를 차단하는 장치명을 쓰시오.

과류차단안전밸브

129
본질안전 방폭구조 폭발등급 기준인 최소점화전류비 산정 시 기준이 되는 가스명을 분자식으로 쓰시오.

CH_4

130
도시가스 허가제조 용품 중 콕의 종류 3가지를 쓰시오.

퓨즈 콕, 상자 콕, 주물연소기용 콕

131
고압가스설비에 설치하는 압력계는 상용압력 몇 배 범위의 최고눈금이 있는 것을 사용하여야 하는가?

1.5배 이상 2배 이하

132
도시가스 공급시설에 설치되는 정압기의 기능 3가지를 쓰시오.

정압기능, 감압기능, 폐쇄기능

133

도시가스 누출시 가스누출여부를 인지하기 위해 첨가하는 부취제의 구비조건을 3가지 쓰시오.

- 부식성이 없을 것
- 물에 용해되지 않을 것
- 완전히 연소하고 연소 후 유해물질을 남기지 않을 것
- 일상생활의 냄새와 명확히 구분될 것
- 토양에 대한 투과성이 좋을 것
- 배관 내에서 응축하지 않을 것
- 흡착되지 않을 것
- 경제적일 것
- 화학적으로 안정될 것

134

아세틸렌 용기에 다공물질을 고루 채운 후 아세틸렌을 충전하기 전에 침윤시키는 물질은?

아세톤, DMF(디메틸포름아미드)

135

도시가스의 총발열량이 10,400[kcal/m³], 공기에 대한 비중이 0.55일 때 웨버지수는 얼마인가?

풀이 $W(\text{웨버지수}) = \dfrac{Hg}{\sqrt{d}} = \dfrac{10,400}{\sqrt{0.55}} = 14,023$

여기서,
- Hg : 총발열량
- d : 가스의 비중

답 14,023

136

차압식 유량계를 1개 이상 쓰시오.

문제에 해당하는 핵심 키워드를 적어보세요.

오리피스
- 차압식 유량계 : 오리피스, 플로우노즐, 벤투리미터
- 면적식 유량계 : 로터미터, 피스톤식, 게이트식

137

어떤 물질이 연소하기 위해서는 세가지 요소가 필요하다. 이를 연소의 3요소라고 하는데 3요소를 쓰시오.

문제에 해당하는 핵심 키워드를 적어보세요.

가연물, 산소공급원, 점화원

138

탄소의 완전연소 반응식을 쓰시오.

문제에 해당하는 핵심 키워드를 적어보세요.

$C + O_2 \rightarrow CO_2$

139

다음 빈칸에 알맞은 내용을 쓰시오.

초저온용기란 (　　　) 이하의 액화가스를 충전하기 위한 용기로서 단열재로 피복하거나 냉동설비로 냉각하는 등의 방법으로 용기안의 가스온도가 상용의 온도를 초과하지 아니하도록 한 것을 말한다.

문제에 해당하는 핵심 키워드를 적어보세요.

섭씨 영하 50도

140

시안화수소는 중합반응을 방지하기 위한 첨가제를 사용하는데 첨가제를 쓰시오.

황산, 아황산가스, 염화칼슘, 오산화인, 동, 인산

141

수소화염 또는 산소-아세틸렌 화염 사용 시 필요한 안전장치를 쓰시오.

역화방지장치

142

가스누출자동차단장치의 주요 구성요소 3가지를 쓰고 각각의 기능을 설명하시오.

- 검지부 : 누출된 가스를 검지하는 기능
- 제어부 : 검지부로부터 가스가 누출되었다는 신호를 받아 차단부에 차단신호를 보내는 기능
- 차단부 : 제어부로부터 신호를 받아 가스의 공급을 차단하는 기능

143

송수량 12,000[L/min], 전양정 45[m]인 볼류트 펌프의 회전수를 1,000[rpm]에서 1,100[rpm]으로 변화시킨 경우 펌프의 축동력은 약 몇 [PS]인가? (단, 펌프의 효율은 80[%])

① 회전수 1,000[rpm] 펌프의 동력 계산

$$[PS] = \frac{\gamma \times Q \times H}{75 \times 60 \times \eta} = \frac{1,000 \times 12 \times 45}{75 \times 60 \times 0.8} = 150$$

여기서,
γ : 물의비중량 1,000[kg/m³]
Q : 유량 [m³/min]
H : 전양정 [m]
η : 기계효율

② 상사법칙 적용 : 동력은 (회전수)³에 비례한다.

$$\left(\frac{1,100}{1,000}\right)^3 \times 150 = 199.65[PS]$$

144

피드백 제어에 대하여 설명하시오.

제어량의 크기와 목표치를 비교하여 그 값이 일치하도록 행하는 피드백 신호를 보내어 수정동작을 하는 제어방식이다.

145

시퀀스 제어에 대하여 설명하시오.

미리 정해진 순서에 따라 순차적으로 다음동작이 연속으로 이루어지는 제어방식이다.

146

가스크래마토그래피의 주요 구성 3가지를 쓰시오.

분리관(컬럼), 검출기, 기록계

147

도시가스배관시공 시 지하매설한 경우 배관표시 라인마크를 설치한다. 그 종류를 3가지 쓰시오.

직선방향, 두방향, 세방향, 한방향(KGS code FS451 2024)

148

배관의 안전을 확보하기 위하여 그 배관의 외부에는 가스를 사용하는 배관임을 식별할 수 있는 표시를 하는데 배관의 외부에 표시하는 것 3가지를 쓰시오.

가스명, 최고사용압력, 가스의 흐름 방향

149

1가구의 1일 평균 가스 소비량이 2.0[kg/day]일 때, 가구수가 100가구 라면, 피크시의 평균 가스 소비량[kg/h]은? (단, 피크시의 평균 가스 소비율은 25[%]이다)

$Q = q \times N \times \eta = 2.0 \times 100 \times 0.25 = 50[kg/h]$

150

기화장치에 사용되는 열원의 종류를 쓰시오.

온수가열, 스팀가열, 전기식

151

액화가스가 함께 방출되거나 급냉될 우려가 있는 벤트스택에는 그 벤트 스택과 연결된 가스공급시설의 가장 가까운 곳에 이것을 설치하는데 이것은 무엇인가?

기액분리기

152

다음이 설명하는 장치의 명칭을 쓰시오.

> 배관의 노후 또는 불량에 의한 수분의 침투, 가스포화수분 등 배관 내에 있는 수분을 수집하여 제거하는 장치로 관로보다 약간 낮게 설치하며 보통은 콘크리트 등의 보호박스 내에 설치한다.

수취기

153

가스공급시설이나 특정가스사용시설의 안전 유지 및 운용에 관한 직무를 수행하게 하기 위하여 사업 개시 또는 사용 전에 안전관리자를 선임하여야 한다. 다음 내용의 ( )를 완성하시오.

> 고압가스 특정제조시설 안전관리를 위해 (①) 1명, (②) 1명, (③) 1명, (④) 2명으로 안전관리자를 구성한다.

① 안전관리 총괄자
② 안전관리 부총괄자
③ 안전관리 책임자
④ 안전관리원

154

다음은 용기보관실 관리 기준이다. ( )에 알맞은 용어를 쓰시오.

> 가. (①)와 (②)는 각각 구분하여 용기보관실에 놓는다.
> 나. 용기보관실 주위 (③)이내에는 화기 또는 인화성물질이나 발화성물질을 두지 않는다.
> 다. 가연성가스 보관실에는 (④) 휴대형손전등외의 등화를 휴대하고 들어가지 않는다.

① 충전용기
② 잔가스용기
③ 2[m]
④ 방폭형

155

다음이 설명하는 것은 무엇인지 쓰시오.

> 가. 점화원의 존재 하에 타기 시작하는 최저온도
> 나. 연소가 지속적으로 확산될 수 있는 최저온도
> 다. 점화원없이 스스로 연소하는 최저온도

가. 인화점
나. 연소점
다. 발화점

156
염소와 동일차량에 적재하여 운반할 수 없는 가스 3가지를 쓰시오.

아세틸렌, 암모니아, 수소

157
도시가스 사용시설(연소기는 제외) 중 배관 및 호스의 기밀성능 기준을 쓰시오.

최고사용압력의 1.1배 또는 8.4[kPa] 중 높은 압력 이상에서 기밀성능을 가질 것

158
연소기구에서 발생할 수 있는 이상현상 3가지를 쓰시오.

역화, 선화, 블로우 오프

- 역화 : 연소시 연료의 분출속도가 연소속도보다 늦을때 불꽃이 염공 속으로 빨려 들어가 혼합관 내에서 연소하는 현상
- 선화(Lifting) : 연소 시 연료의 분출속도가 연소속도보다 빠를 때 불꽃이 노즐에 정착되지 않고 떨어져서 연소하는 현상
- 블로우 오프 : 연소 시 연료의 분출속도가 연소속도보다 클 때 주위 공기의 움직임에 따라 불꽃이 날려서 꺼지는 현상(선화상태에서 다시 분출속도가 증가하면 발생하는 현상)

159
LP가스의 연소 특성을 3가지 쓰시오.

- 연소 시 다량의 공기가 필요하다.
- 연소속도가 느리다.
- 발열량이 크다.
- 발화온도가 높다.
- 연소 범위가 좁다.

160

가스홀더의 기능 4가지를 쓰시오.

- 가스 수요의 시간적 변동에 대하여 공급 가스량을 확보한다.
- 공급설비의 일시적 중단에 대하여 공급량을 확보한다.
- 공급가스의 성분, 열량, 연소성 등의 성질을 균일화한다.
- 소비지역 근처에 설치하여 피크 시의 공급, 수송 효과를 얻는다.

161

용기의 내용적 40[L]에 내압 시험 압력의 수압을 걸었더니 내용적이 40.24[L]로 증가하였고, 압력을 제거하여 대기압으로 하였더니 용적은 40.02[L]가 되었다. 이 용기의 항구 증가량과 내압시험에 대한 합격여부는?

풀이 영구증가율 = $\dfrac{\text{영구증가량}}{\text{전증가량}} \times 100 = \dfrac{40.02 - 40}{40.24 - 40} \times 100$

= 8.33[%]

영구증가율이 10[%] 이하일 경우 합격이므로 합격

답 8.33[%], 합격

162

다음의 가스를 보고 물음에 답하시오.

> 아세틸렌, 산소, 수소, 프로판, 네온, 염소, 암모니아,
> 헬륨, 이산화탄소, 공기, 일산화탄소

가. 독성가스인 것은?
나. 가연성 가스인 것은?
다. 조연성 가스인 것은?
라. 불연성 가스인 것은?
마. 불활성 가스인 것은?

가. 암모니아, 염소, 일산화탄소
나. 아세틸렌, 프로판, 암모니아, 일산화탄소, 수소
다. 공기, 염소, 산소
라. 헬륨, 네온
마. 이산화탄소

163

가스액화분리장치 구성요소 3가지를 쓰고 각각의 기능을 서술하시오.

- 한랭발생장치 : 가스액화분리장치의 열손실을 돕고 액화가스를 채취할 때에 필요한 한랭 보급하는 장치
- 정류장치 : 원료가스를 저온에서 분리, 정제하는 장치
- 불순물제거장치 : 저온이 되면 동결이 되어 장치의 배관 및 밸브를 폐쇄하는 원료가스중의 수분, 탄산가스 등을 제거하기 위한 장치

164

독성가스를 저장하는 저장설비에는 그 설비에서 독성가스가 누출될 경우 그 독성가스로 인한 중독을 방지하기 위해 보호구를 구비하여야 한다. 구비해야 하는 보호구의 종류를 쓰시오.

- 공기호흡기 또는 송기식 마스크
- 방독마스크
- 안전장갑 및 안전화
- 보호복

165

아세틸렌 충전 시 사용하는 다공물질을 쓰시오.

석회석, 규조토, 목탄, 탄산마그네슘, 다공성플라스틱, 산화철

166

상용압력이 10[MPa]인 고압설비의 안전밸브 작동압력은 얼마인가?

풀이 안전밸브 작동압력 = 내압시험압력×0.8
내압시험압력 = 사용압력×1.5
즉, 안전밸브 작동압력은 10×0.8×1.5 = 12[MPa]
답 12[MPa]

167

공동주택의 압력조정기 설치 기준에서 가스압력이 저압이 경우와 중압이상인 경우는?

가. 가스압력이 저압인 경우
나. 가스압력이 중압 이상인 경우

> 문제에 해당하는 핵심 키워드를 적어보세요.

가. 전체 세대수가 250세대 미만
나. 전체 세대수가 150세대 미만

168

도시가스 사용시설에서 가스계량기와 전기계량기 및 전기개폐기와의 이격거리[m]를 쓰시오.

> 문제에 해당하는 핵심 키워드를 적어보세요.

0.6m 이상

가스계량기와 전기계량기 및 전기개폐기 0.6m 이상, 굴뚝(단열조치를 하지 않은 경우), 전기점멸기 및 전기접속기와의 거리는 0.3m 이상, 절연조치를 하지 않은 전선과는 0.15m 이상의 거리를 유지한다.

169

가스계량기의 설치높이를 쓰시오.

> 문제에 해당하는 핵심 키워드를 적어보세요.

1.6[m] 이상 2[m] 이내

가스계량기(30[m^3/h] 미만에 한정한다)의 설치 높이는 바닥으로부터 계량기 지시장치(계량값 표시창)의 중심까지 1.6[m] 이상 2[m] 이내에 수직·수평으로 설치한다. 다만 보호상자 내에 설치, 기계실에 설치, 보일러실에 설치하는 경우에는 바닥으로부터 2[m] 이내에 설치한다.

170

아세틸렌을 용기에 충전 중 압력[MPa]과 충전 후 압력[MPa]을 쓰시오.

가. 충전 중 압력
나. 충전 후 압력

> 문제에 해당하는 핵심 키워드를 적어보세요.

가. 2.5[MPa]
나. 1.5[MPa]

171

가연성 압축가스를 운반할 때 운반책임자를 동승시켜야 할 기준은 몇[m³]인지 쓰시오.

300[m³] 이상

고압가스 운반 시 운반책임자 동승기준

구분	압축가스[m³]	액화가스[kg]
독성	100 이상	1,000 이상
가연성	300 이상	3,000 이상
조연성	600 이상	6,000 이상

172

방폭전기기기의 온도등급에서 발화도 범위가 300℃ 초과 450℃ 이하는 어디에 해당하는가?

T2

가연성가스의 발화도 범위에 따른 방폭전기기기의 온도 등급

가연성가스의 발화도(℃) 범위	방폭전기기기의 온도 등급
450 초과	T1
300 초과 450 이하	T2
200 초과 300 이하	T3
135 초과 200 이하	T4
100 초과 135 이하	T5
85 초과 100 이하	T6

173

탈탄작용을 일으키는 가스의 명칭을 쓰고, 탈탄작용 방지 원소 5개를 쓰시오.

수소(반응식 $Fe_3C + 2H_2 \rightarrow CH_4 + 3Fe$)

탈탄작용 방지원소
Ti(티탄), V(바나듐), W(텅스텐), Cr(크롬), Mo(몰리브덴)

174

다음은 아세틸렌 충전에 관한 내용이다. 빈곳을 채우시오.

가. 아세틸렌을 (①)의 압력으로 압축하는 때에는 질소, 메탄, 일산화탄소 또는 에틸렌 등의 희석제를 첨가할 것

나. 습식 아세틸렌 발생기의 표면은 (②) 이하의 온도로 유지하여야 하며, 그 부근에서는 불꽃이 튀는 작업을 하지 아니할 것

다. 아세틸렌을 용기에 충전할 때에는 미리 용기에 다공질물을 고루 채워야 하는데, 이 때 다공도 기준은 (③)이다.

라. 아세틸렌을 용기에 충전하는 때의 충전 중의 압력은 2.5[MPa] 이하로 하고, 충전 후에는 압력이 (④)에서 1.5[MPa] 이하로 될 때까지 정치하여 둘 것

① 2.5[MPa]
② 70[℃]
③ 75[%] 이상 92[%] 미만
④ 15[℃]

175

다음 가스의 용기도색과 용기에 표시된 가스명칭 색을 쓰시오.

가. NH_3
나. O_2
다. C_2H_2

가. NH_3(암모니아) : 백색용기, 흑색명칭
나. O_2(산소) : 녹색용기, 백색명칭
다. C_2H_2(아세틸렌) : 황색용기, 흑색명칭

176

고압가스 운반차량 경계표지의 가로, 세로치수의 기준을 쓰시오.

• 가로 : 차체폭의 30[%] 이상
• 세로 : 가로치수의 20[%] 이상으로 된 직사각형

177

가연성가스 또는 산소를 차량에 적재하여 운반하는 경우 휴대하는 소화설비에 관한 물음이다. 운반하는 가스량이 1,000kg 이상인 경우 소화약제와 비치개수를 쓰시오.

> 문제에 해당하는 핵심 키워드를 적어보세요.

분말소화제, 2개 이상

운반하는 가스량에 따른 분류	소화기의 종류		비치 개수
	소화약제의 종류	능력단위	
압축가스 100[m³] 미만 또는 액화가스 1,000[kg] 이상인 경우	분말 소화제	BC용 또는 ABC용, B-6 (약재중량 4.5[kg]) 이상	2개 이상
압축가스 15[m³] 초과 100[m³] 미만 또는 액화가스 150[kg] 초과 1,000[kg] 미만인 경우	위와 같음	위와 같음	1개 이상
압축가스 15[m³] 또는 액화가스 150[kg] 이하인 경우	위와 같음	B-3 이상	1개 이상

178

가스보일러 설치기준을 2가지 이상 쓰시오

> 문제에 해당하는 핵심 키워드를 적어보세요.

- 반밀폐형 연소기는 급기구 및 배기통을 설치한다.
- 배기통의 재료는 금속·석면 그 밖의 불연성인 것으로 한다.
- 배기통이 가연성 물질로 된 벽 또는 천장등을 통과하는 때는 금속 외의 불연성 재료로 단열조치를 한다.
- 자연배기식 반밀폐형 및 밀폐형 연소기의 배기통 끝은 배기가 방해하지 않는 구조이고 장애물 또는 외기의 흐름이 배기를 방해하지 않는 곳에 설치한다.
- 밀폐형 연소기는 급기구·배기통과 벽과의 사이에 배기가스가 실내로 들어올 수 없도록 밀폐한다.
- 배기팬이 있는 밀폐형 또는 반밀폐형의 연소기를 설치한 경우에는 그 배기팬의 배기가스와 접촉하는 부분의 재료를 불연성 재료로 한다.

179

가스보일러는 전용보일러실에 설치한다. 다만, 전용보일러실에 설치하지 않을 수 있는 경우를 기술하시오.

> 문제에 해당하는 핵심 키워드를 적어보세요.

- 밀폐식보일러
- 불완전 연소의 경우 자동으로 가스의 공급이 차단되는 구조의 보일러
- 전용급기구를 외기와 통하게 설치된 보일러

180

저온저장탱크는 그 저장탱크의 내부압력이 외부압력보다 저하됨에 따라 그 저장탱크가 파괴되는것을 방지하기 위하여 갖추어야 하는 설비를 쓰시오.

> 문제에 해당하는 핵심 키워드를 적어보세요.

- 압력계
- 압력경보설비
- 진공안전밸브
- 다른 저장탱크 또는 시설로부터의 가스도입배관(균압관)
- 압력과 연동하는 긴급차단장치를 설치한 냉동제어설비
- 압력과 연동하는 긴급차단장치를 설치한 송액설비

181

다음은 위험성 평가기법에 대하여 설명하고 있다. 빈 곳을 채우시오.

(①)	정량평가
Check List(체크리스트)	HEA(작업자실수 분석)
(②)(사고예상 질문)	FTA(③)
Hazop(위험과 운전)	(④)(사건수 분석)
-	CCA(원인결과 분석)

> 문제에 해당하는 핵심 키워드를 적어보세요.

① 정성평가
② What-if
③ 결함수 분석
④ ETA

182

아세틸렌을 2.5[MPa]의 압력으로 압축할 때 분해폭발의 위험성이 있기 때문에 희석제를 첨가한다. 첨가제의 종류 3가지를 쓰시오.

질소, 메탄, 일산화탄소

183

방류둑 성토는 수평에 대하여 몇 도 이하의 기울기로 하는가?

수평에 대하여 45° 이하의 기울기

184

화재의 종류 4가지를 쓰고, 각각에 해당하는 화재를 쓰시오.

- A급화재 : 일반화재
- B급화재 : 유류, 가스화재
- C급화재 : 전기화재
- D급화재 : 금속화재

185

LPG의 불완전 연소원인 3가지를 쓰시오.

- 환기가 불충분한 공간에 연소기가 설치되어 있을 때
- 가스압력에 비하여 공급 공기량이 부족할 때
- 가스 조성이 맞지 않을 때
- 공기와의 접촉혼합이 불충분할 때
- 프레임의 냉각 시
- 연소기구가 맞지 않을 때

186

회전식 펌프의 병렬연결시 증가되는 것은?

유량 증가

- 직렬연결 : 양정 증가, 유량 일정
- 병렬연결 : 양정 일정, 유량 증가

187

가연성가스, 독성가스 산소는 각각 저장능력 얼마 이상일 때 방류둑을 설치하는가?(단, 고압가스 특정제조이다)

- 가연성가스 : 500톤
- 독성가스 : 5톤
- 산소 : 1,000톤

188

강제기화장치 특징 4가지를 쓰시오.

- 한랭시에도 연속적으로 가스 공급이 가능하다.
- 공급 가스의 조성이 일정하다.
- 설치면적이 적어진다.
- 기화량을 가감할 수 있다.
- 설비비 및 인건비가 절약된다.
- 강제 기화기는 대량 소비처에 적당하다.

189

가스계량기에 대한 설명이다. 물음에 답하시오.

가. 화기와 유지해야 하는 우회거리[m]를 쓰시오.
나. 전기계량기 및 전기개폐기로부터의 이격거리[m]를 쓰시오.
다. 절연조치를 하지 않은 전선과의 이격거리[m]를 쓰시오.
라. 가스계량기를 공동주택 대피구간에 설치 가능한지 쓰시오.
　　(가능, 불가능)

가. 2[m] 이상
나. 0.6[m] 이상
다. 0.15[m] 이상
라. 불가능(가스계량기는 「건축법 시행령」 제46조제4항에 따라 공동주택의 대피공간, 방·거실 및 주방 등 사람이 거처하는 곳에 설치하지 않는다)

190

다음 빈칸에 알맞은 내용을 쓰시오.

2020년에 단독사용자가 정압기를 설치하였다. 2030년까지 분해점검을 수행할 예정이다. 최초 (①)년에 실시하고, 이후 (②)년 뒤 (③)년에 실시한다.

① 2023년
② 4년
③ 2027년

※ 단독사용자 정압기 및 필터 : 설치 후 3년까지는 1회 이상, 그 이후에는 4년에 1회 이상

191

소용돌이를 유체 중에 일으켜 소용돌이의 발생수가 유속과 비례하는 것을 응용한 형식의 유량계는?

와류식

와류식 유량계
유체의 흐름 속에 Shedder(막대바)를 설치하면, Shedder에 부딪힌 유체는 일정한 규칙성을 가지고 와류가 발생한다. 이때 발생되는 와류를 Piezo 센서가 감지, 주파수로 변환하여 유량을 측정한다.

192

수소 20[v%], 메탄 50[v%], 에탄 30[v%] 조성의 혼합가스가 공기와 혼합된 경우 폭발하한계의 값은? (단, 폭발하한계 값은 각각 수소는 4[v%], 메탄은 5[v%], 에탄은 3[v%]이다)

풀이 르 샤틀리에 법칙

$$\frac{100}{L} = \frac{V_1}{L_1} + \frac{V_2}{L_2} + \frac{V_3}{L_3}$$

$$\frac{100}{L} = \frac{20}{4} + \frac{50}{5} + \frac{30}{3}$$

$$L = 4$$

답 4[%]

193

일반도시가스사업자 정압기 입구측의 압력이 0.6[MPa]일 경우 안전밸브 분출구의 크기는 얼마 이상으로 해야 하는가?

50[A] 이상

> 정압기에 설치되는 안전밸브 분출부의 크기는 다음 기준과 같이 한다.
> - 정압기 입구측 압력이 0.5[MPa] 이상인 것은 50[A] 이상으로 한다.
> - 정압기 입구측 압력이 0.5[MPa] 미만인 것은 정압기의 설계 유량에 따라 다음 기준에 따른 크기로 한다.
>   - 정압기 설계 유량이 1,000[Nm³/h] 이상인 것은 50[A] 이상
>   - 정압기 설계 유량이 1,000[Nm³/h] 미만인 것은 25[A] 이상

194

플레어 스택의 높이는 지표면에 미치는 복사열이 얼마 이하가 되도록 설치하여야 하는가?

4,000[kcal/m² · h]

195

부탄가스용 연소기 명판에 기재할 사항을 쓰시오.

- 연소기명(부탄가스용 연소기)
- 제조자의 형식호칭(모델번호)
- 사용가스명(액화부탄가스)
- 제조(로트)번호 및 제조연월 또는 그 약호(수입품은 수입연월)
- 품질보증기간 및 용도
- 제조자명 또는 그 약호(수입품은 수입판매자명)
- 정격전압(V) 및 소비전력(W)(전기를 사용하는 연소기만을 말한다)
- 권장사용기간 : 5년

196

도시가스 사업소 내에서 긴급사태 발생 시 필요한 연락을 신속히 할 수 있도록 통신시설을 갖추어야 한다. 종업원 상호 간 설치하는 통신설비를 쓰시오.

> 문제에 해당하는 핵심 키워드를 적어보세요.

페이징설비, 휴대용확성기, 트랜시버, 메가폰

사항별	설치하는 통신설비
안전관리자가 상주하는 사업소와 현장사업소와의 사이 또는 현장사무소 상호 간	구내전화 구내방송설비 인터폰 페이징설비
사업소 안 전체	구내방송설비 사이렌 휴대용 확성기 페이징설비 메가폰
종업원 상호 간	페이징설비 휴대용확성기 트랜시버 메가폰

197

차량에 고정된 탱크 중 독성가스는 내용적을 얼마 이하로 하여야 하는가?

> 문제에 해당하는 핵심 키워드를 적어보세요.

12,000[L]

가연성 가스(액화석유가스는 제외한다) 및 산소탱크의 내용적은 1만 8천[L], 독성가스(액화암모니아는 제외한다)의 탱크의 내용적은 1만 2천[L]를 초과하지 않을 것

198

프로판 60[mol%], 부탄가스 40[mol%]의 혼합가스 1[mol]을 완전 연소시키기 위하여 필요한 이론 공기량은 약 몇 [mol]인가? (단, 공기 중 산소는 21[mol%]이다)

문제에 해당하는 핵심 키워드를 적어보세요.

풀이
$C_3H_8 + 5O_2 \rightarrow 3CO_2 + 4H_2O$
$C_4H_{10} + 6.5O_2 \rightarrow 4CO_2 + 5H_2O$
프로판 : 5[mol] 산소×60[%] = 3[mol]
부탄가스 : 6.5[mol] 산소×40[%] = 2.6[mol]

답 26.66[mol]

※ 이론 공기량 계산
$$(3 + 2.6) \times \frac{100}{21} = 26.66$$

199

도시가스에 가스누출 시 신속한 인지를 위해 냄새가 나는 물질(부취제)를 첨가하고, 정기적으로 농도를 측정하도록 하고 있다. 부취제 농도 측정방법 중 사람에 의한 방법을 쓰시오.

문제에 해당하는 핵심 키워드를 적어보세요.

Odor 메타법, 주사기법, 냄새주머니법

200

요오드화 칼륨지(KI전분지)를 이용하여 어떤 가스의 누출여부를 검지한 결과 시험지가 청색으로 변하였다. 이 때 누출된 가스의 명칭은?

문제에 해당하는 핵심 키워드를 적어보세요.

염소

가스명	시험지	변색
염소	KI전분지	청색
시안화수소	질산구리벤젠지	청색
암모니아	리트머스시험지	청색
아세틸렌	염화제1동착염지	적색
일산화탄소	염화파라듐지	흑색
황화수소	연당지	흑갈색
포스겐	하리슨시험지	심등색

PART 05

실기[필답형] 기출문제

2021년   1, 2, 3, 4회 실기[필답형] 기출문제
2022년   1, 2, 3, 4회 실기[필답형] 기출문제
2023년   1, 2, 3, 4회 실기[필답형] 기출문제
2024년   1, 2, 3, 4회 실기[필답형] 기출문제

※ 2021년부터 가스기능사 실기 시험이 필답형(12문항)과 작업형(12문항) 각 50점 배점으로 변경되었습니다.

실기[필답형] 기출문제 2021 * 1

01

"연소기용 호스"란 배관 및 배관연결부에서 연소기까지 연결하여 사용하는 금속플렉시블호스를 말한다. 연소기용 호스의 최대길이는 얼마인지 쓰시오.

> 문제에 해당하는 핵심 키워드를 적어보세요.

3[m] 이내

연소기용 호스의 길이는 한쪽 이음쇠의 끝에서 다른 쪽 이음쇠 끝까지로 하고, 최대길이는 3[m] 이내로서, 최소길이는 0.3[m] 이상으로 한다.

02

LNG의 주성분을 쓰시오.

> 문제에 해당하는 핵심 키워드를 적어보세요.

메탄(CH_4)

03

펌프의 양정이 30[m], 유량 1.5[m^3/min]으로 송출할 때 축동력은 몇 [kW]인지 구하시오 (단, 펌프의 효율은 72[%]이다).

> 문제에 해당하는 핵심 키워드를 적어보세요.

풀이 $\dfrac{1{,}000 \times 1.5 \times 30}{102 \times 0.72 \times 60} = 10.212$

답 10.21[kW]

04

100[kPa]의 압력에서 2리터를 차지하는 기체가 압력이 200[kPa]으로 상승하였다면 체적은 몇 [L]가 되는지 구하시오 (단, 온도는 27[℃]로 일정하다).

가. 풀이과정
나. 해답
다. 적용되는 법칙

> 문제에 해당하는 핵심 키워드를 적어보세요.

풀이 $P_1 V_1 = P_2 V_2$

$V_2 = \dfrac{P_1 V_1}{P_2} = \dfrac{(100 + 101.325) \times 2}{200 + 101.325} = 1.336$

답 가. 풀이 참고
나. 1.34[L]
다. 보일의 법칙

05

다음 보기에서 특정 고압가스 중 저장능력 액화가스 250[kg] 이상, 압축가스 50[m³] 이상 사용신고를 해야 하는 가스 4종류가 있다. 보기에서 고르시오.

> 수소, 산소, 액화암모니아, 액화염소, 압축디보레인, 액화알진, 포스핀, 셀렌화수소, 아세틸렌, 게르만, 디실란, 삼불화인, 삼불화질소, 삼불화붕소, 사불화유황, 사불화규소, 오불화비소, 오불화인, 천연가스

수소, 산소, 아세틸렌, 천연가스

수소, 산소, 아세틸렌, 천연가스는 250[kg] 및 50[m³] 이상은 사용신고를 해야 하고 독성 가스는 무조건 사용신고를 해야 한다.

06

다음은 막식가스계량기 고장에 관한 설명이다. 각각의 설명이 말하는 고장명을 쓰시오.

가. 가스는 계량기를 통과하나 지침이 작동하지 않는 고장
나. 가스가 계량기를 통과하지 못하는 고장

가. 부동
나. 불통

07

시퀀스 제어가 무엇을 뜻하는지 쓰시오.

미리 정해진 순서에 따라 제어의 각 단계가 순차적으로 진행되는 제어

08

발화점이 무엇을 뜻하는지 쓰시오.

공기 중에 놓여있는 연료가 가열되어 불씨를 접촉하지 않아도 연소를 개시할 수 있는 최저온도

09

도시가스 사용시설 중 Governor 설치목적을 쓰시오.

정압기(Governor)란 도시가스압력을 사용처에 맞게 낮추는 감압기능, 2차측의 압력을 허용범위 내의 압력으로 유지하는 정압기능 및 가스의 흐름이 없을 때는 밸브를 완전히 폐쇄하여 압력상승을 방지하는 폐쇄기능을 가진 기기이다.

10

습도계의 종류 2가지를 쓰시오.

건습구 습도계, 모발 습도계, 정전용량형 습도계, 통풍 습도계, 자기 습도계

11

가스용기는 몇 [℃] 이하에서 보관하여야 하는지 쓰시오.

40[℃]

12

표준상태에서 프로판 액체 1[L]를 기체로 바꿨을 때 부피는 몇 배 증가하는지 구하시오 (단, 프로판 분자량 44[g], 액비중 0.5[kg/L], 1[mol] = 22.4[L]).

풀이 ① $\dfrac{500}{44} \times 22.4 = 254.55$배

② $PV = nRT$

$1 \times V = \dfrac{500}{44} \times 0.082 \times 273 = 254.39$배

답 $V = 254.39$배

실기[필답형] 기출문제 2021 * 2

01

25[℃] 상태에서 100[m³] 고압가스 용기에 압력이 0.1[MPa]으로 충전되어 있다. 이 용기의 온도가 -150[℃] 압력이 5[MPa]일 때 체적은 몇 [L]인지 구하시오.

풀이 보일-샤를의 법칙

$$\frac{P_1 V_1}{T_1} = \frac{P_2 V_2}{T_2} \text{에서 } \frac{0.1 \times 100}{273 + 25} = \frac{5 \times V_2}{273 - 150}$$

$$V_2 = 0.825503[m^3]$$

답 825.50[L]

02

가스자동차단 장치 구성요소 3가지를 쓰시오.

제어부, 차단부, 검지부

03

다음은 절대압력 계산식이다. ( )에 알맞은 기호를 쓰시오.

가. 절대압력 = 대기압 ( ) 게이지 압력
나. 절대압력 = 대기압 ( ) 진공압

가. +
나. −

04

아세틸렌에 대한 다음 물음에 대하여 답하시오.

가. 아세틸렌의 분자량(g)은 얼마인가?
나. 아세틸렌은 동 또는 동합금과 결합 시 생성되는 폭발성 물질은 무엇인가?
다. 아세틸렌은 카바이드와 ( )과의 반응으로부터 생성된다.
라. 아세틸렌은 흡열화합물이므로 압축하면 ( ) 할 수 있다.
마. 아세틸렌의 폭발하한계는 얼마인가?

가. 26[g]
나. 아세틸라이드
다. 물
라. 분해폭발
마. 2.5%(폭발범위 2.5~81[%])

05

염소의 특징을 설명한 것이다. ( ) 속에 옳은 것을 "○" 표시하시오.

- 염소는 가스상태에 따라 (고압 / 액화)가스로 분류된다.
- 연소성에 따라 (가연성 / 조연성 / 불연성)에 속하고 독성에 따라 (독성 / 비독성)으로 분류된다.

문제에 해당하는 핵심 키워드를 적어보세요.

액화, 조연성, 독성

06

순수한 물은 전기분해가 되지 않으므로 묽은 황산 또는 수산화나트륨 용액을 소량 넣고 6~10[V] 전압으로 전류를 흘려준다.

가. 이때 (+)극과 (−)극에서 발생하는 가스를 쓰시오.
나. 이때 발생하는 산소와 수소의 비는 얼마인지 쓰시오.

문제에 해당하는 핵심 키워드를 적어보세요.

가. (+) : 산소, (−) : 수소 발생
나. 산소와 수소의 비(1 : 2)
  $2H_2O \rightarrow 2H_2 + O_2$

07

액화천연가스를 영문약자로 쓰시오.

문제에 해당하는 핵심 키워드를 적어보세요.

LNG(Liquefied Natural Gas)

08

다단압축기가 있다. 다단압축을 하는 목적 4가지를 쓰시오.

문제에 해당하는 핵심 키워드를 적어보세요.

- 1단 단열압축과 비교한 일량의 절약
- 이용효율의 증가
- 힘의 평형이 좋아짐
- 가스의 온도 상승을 피할 수 있음

09

정압기의 기본구조를 구성하고 있는 구성품 3가지를 쓰시오.

다이어프램, 스프링, 메인밸브

10

내용적이 50[L]인 용기에 가스를 충전하는 때에는 얼마의 충전량[kg]을 초과할 수 없는지 구하시오. (단, 충전상수 C는 1.04이다).

풀이 $G = \dfrac{V}{C} = \dfrac{50}{1.04} = 48.08$

답 48.08[kg]

11

기체의 용해도에 관한 설명이다. ( )에 알맞은 용어를 쓰시오.

> 기체의 용해도는 (①)이 높을수록, (②)가 낮을수록 용해도가 증가한다.

① 압력
② 온도

12

용기보관실에 고압가스 용기를 보관하는 때에는 위해요소가 발생하지 아니하도록 다음 기준에 따라 관리한다. 빈칸을 채우시오.

가. 용기보관실 주위 ( ) 이내에는 화기를 두지 않는다.
나. 용기는 항상 ( ) 이하의 온도를 유지한다.
다. 용기가 넘어지거나 ( )의 손상을 방지하기 위해 적합한 조치를 강구해야 한다.
라. 가연성 가스 용기보관실에는 ( ) 휴대용 손전등 외의 등화를 휴대하고 들어가지 않는다.

가. 2[m]
나. 40[℃]
다. 밸브
라. 방폭형

실기[필답형] 기출문제 2021 * 3

01
동일 직경의 관을 직선으로 연결할 때 사용되는 이음쇠 2가지를 쓰시오.

문제에 해당하는 핵심 키워드를 적어보세요.

소켓, 니플, 유니온, 플랜지

02
내용적이 3,000[L] 비중이 0.77일 때 충전량을 구하시오.

문제에 해당하는 핵심 키워드를 적어보세요.

풀이 $G = 0.9dV = 0.9 \times 3,000 \times 0.77 = 2,079[kg]$
답 2,079[kg]

03
정압기의 특성 중 동특성(動特性)을 설명하시오.

문제에 해당하는 핵심 키워드를 적어보세요.

부하 변화가 큰 곳에 사용되는 정압기에 대한 중요한 특성으로 부하 변동에 대한 응답의 신속성과 안정성이 요구된다.

- 정특성 : 정상 또는 준정상 상태에서의 압력제어의 정밀도를 나타내는 것으로 유량특성이라고도 불리며 정압기로부터의 송출유량과 2차압의 관계를 나타낸다.
- 동특성 : 2차측 부하를 급격히 변화시켰을 때의 2차압과의 과도응답성을 가리키는 것이다.
- 유량특성 : 메인밸브 개도와 유량의 관계를 말한다.
- 사용최대차압 : 메인밸브에 1차 압력과 2차 압력의 차가 발생하여 실제사용 범위 내에서 최대로 되었을 때의 차압을 말한다.
- 작동최소차압 : 파일로트식 정압기가 작동할 수 없는 1차 압력과 2차 압력의 차압의 최솟값을 말한다.

04

온도 단위 2가지를 쓰시오.

섭씨[℃], 화씨[℉]

온도의 종류로는 섭씨 온도, 화씨 온도, 절대 온도가 있다.

05

대기압이 755[mmHg]이고, 게이지 압력이 1.25[kgf/cm²]이다. 이때 절대압력[kgf/cm²]은 얼마인지 구하시오.

풀이 절대압력 = 대기압 + 게이지 압력

$$= \left(\frac{755}{760} \times 1.0332\right) + 1.25$$

$$= 2.276$$

답 2.28[kgf/cm²]

06

질소(N_2)에 대한 물음에 답하시오.

- 질소는 공기 중 (①)[%] 존재하고 분자량은 (②), 공기 중에 연소되지 않는 (③)성 가스이다.
- 질소는 고온, 고압하에서 (④)와 반응하여 암모니아가 생성된다.
- 질소는 공기를 압축하여 비등점의 차이를 이용 공기액화분리 장치로 제조 시 액화산소와 (⑤)로 만들어진다.

① 78[%]
② 28[g]
③ 불연
④ 수소
⑤ 액화질소

07

가스 분석에서 흡수분석법 종류 2가지를 쓰시오.

오르자트법, 헴펠법, 게겔법

흡수분석법
각종 기체 흡수제와 시료기체를 혼합하여, 흡수제에 흡수된 양을 측정함으로써 정량하는 방법으로 헴펠법, 게겔법, 오르자트법이 있다.

08

지하 매설배관 전기방식법 2가지를 쓰시오.

> 문제에 해당하는 핵심 키워드를 적어보세요.

희생양극법, 외부전원법

- 희생양극법(犧牲陽極法)이란 지중 또는 수중에 설치된 양극금속과 매설배관을 전선으로 연결해 양극금속과 매설배관 사이의 전지작용으로 부식을 방지하는 방법을 말한다.
- 외부전원법(外部電源法)이란 외부 직류전원장치의 양극(+)은 매설배관이 설치되어있는 토양이나 수중에 설치한 외부전원용 전극에 접속하고, 음극(−)은 매설배관에 접속시켜 부식을 방지하는 방법을 말한다.
- 배류법(排流法)이란 매설배관의 전위가 주위의 타금속 구조물의 전위보다 높은 장소에서 매설배관과 주위의 타금속 구조물을 전기적으로 접속시켜 매설배관에 유입된 누출전류를 전기회로적으로 복귀시키는 방법을 말한다.

09

가스의 발열량에 비중의 루트 값으로 나눈 값은 무슨 지수를 나타내는지 쓰시오.

> 문제에 해당하는 핵심 키워드를 적어보세요.

웨버지수

웨버지수는 가스의 발열량에 비중의 루트 값으로 나눈 값이다. 웨버지수는 가스의 연소성, 가스의 호환성을 판단하는 지수로 사용한다.

$$WI = \frac{H}{\sqrt{S}}$$

10

HCN이 장기간 보관이 안 되는 이유는 무엇인지 설명하시오.

> 문제에 해당하는 핵심 키워드를 적어보세요.
>
> 장기간 보관 시 중합폭발의 위험이 있기 때문이다.
>
> 용기에 충전하는 시안화수소는 순도가 98[%] 이상이고 황산, 아황산가스, 동(Cu), 오산화인, 염화칼슘 등의 안정제를 첨가하고 시안화수소를 충전한 용기는 충전 후 24시간 정치하고, 그 후 1일 1회 이상 질산구리벤젠지로 가스누출 검사를 실시한다(시험지 반응색은 청색).
> ① 산화 폭발 : 가스가 공기 중에 누설 또는 인화성 액체 탱크에 공기가 유입되어 탱크 내에 점화원이 유입되어 폭발하는 현상
> ② 분해 폭발 : 아세틸렌, 산화에틸렌, 히드라진과 같이 분해하면서 폭발하는 현상
> ③ 중합 폭발 : 시안화수소와 같이 단량체가 일정 온도와 압력으로 반응이 진행되어 분자량이 큰 중합체가 되어 폭발하는 현상
> • 안정제 : 황산, 아황산가스, 동(Cu), 오산화인, 염화칼슘

11

빠른 속도로 액체가 운동할 때 액체의 압력이 증기압 이하로 낮아져서 액체 내에 증기 기포가 발생하는 현상이 무엇인지 쓰시오.

> 문제에 해당하는 핵심 키워드를 적어보세요.
>
> 캐비테이션(공동현상)

12

당해 충전장소와 당해 가스 충전용기 보관 장소 사이 등에 높이 2[m] 이상, 두께 12[cm] 이상의 철근콘크리트 또는 이와 동등 이상의 강도를 가지는 시설이 무엇인지 쓰시오.

> 문제에 해당하는 핵심 키워드를 적어보세요.
>
> 방호벽
>
> 철근콘크리트 방호벽은 다음 기준에 따라 설치한다.
> 직경 9[mm] 이상의 철근을 가로·세로 400[mm] 이하의 간격으로 배근하고 모서리 부분의 철근을 확실히 결속한 두께 120[mm] 이상, 높이 2,000[mm] 이상으로 한다.

실기[필답형] 기출문제 2021 * 4

01

프로판 1[L]가 완전 연소하는 데 필요한 이론 산소량은 몇 [L]인지 구하시오.

> 문제에 해당하는 핵심 키워드를 적어보세요.

풀이 $C_3H_8 + 5O_2 \rightarrow 3CO_2 + 4H_2O$
$1[mol] \times 22.4[L] : 5[mol] \times 22.4[L] = 1[L] : x$
$x = \dfrac{5 \times 22.4 \times 1}{22.4} = 5$
(프로판 1[L] 완전 연소 시 이론 산소량 5[L]가 필요하다)

답 5

02

비접촉식 온도계를 1가지 쓰시오.

> 문제에 해당하는 핵심 키워드를 적어보세요.

방사온도계, 광고온도계, 적외선온도계

03

다음 물음에 답하시오.

가. 연소의 3요소를 쓰시오.
나. 탄소의 연소식을 쓰시오.

> 문제에 해당하는 핵심 키워드를 적어보세요.

가. 가연물질, 산소공급원, 점화원
나. $C + O_2 \rightarrow CO_2$

04

공기 중 가장 많이 차지하는 가스를 쓰시오.

> 문제에 해당하는 핵심 키워드를 적어보세요.

질소

05

도시가스의 총 발열량[kcal/m³]을 도시가스 비중의 제곱근으로 나눈 값으로 나타내는 것을 무엇이라 하는지 쓰시오.

웨버지수

06

다음 보기를 보고 물음에 답하시오.

> 산소, 수소, 염소, 아세틸렌, 아르곤, 메탄, 암모니아

가. 밀도가 가장 낮은 것은?
나. 밀도가 가장 큰 것은?
다. 조연성 가스는?
라. 공기액화분리기로 얻을 수 있는 가스는?
마. 냄새로 구분이 가능한 가스는?

가. 수소
나. 염소
다. 산소, 염소
라. 산소, 아르곤
마. 염소, 암모니아, 아세틸렌

- 공기는 분자량이 약 29이므로 분자량이 큰 것을 찾는다.
  산소(32), 수소(2), 질소(28), 이산화탄소(44), 암모니아(17), 염소(71), 메탄(16), 에틸렌(28)
- 냄새가 나는 가스 참고
  에틸렌(약간 단 냄새), 불소(강한 자극성 냄새), 아세틸렌(약간의 마늘 냄새), 암모니아(특유의 톡 쏘는 냄새), 염소(자극적인 냄새)

07

LNG(액화천연가스)의 주성분을 이루는 물질을 쓰시오.

메탄

08

입구압력이 최대 1.56[MPa]의 압력을 받아서 2.3~3.3[kPa]의 압력으로 조정하여 내보내는 장치는 무엇인지 쓰시오.

1단 감압식 저압조정기

09

다음 ( )에 들어갈 용어를 쓰시오.

가. 초저온용기란 섭씨 ( ) 이하의 액화가스를 충전하기 위한 용기로서 단열재로 피복하거나 냉동설비로 냉각하는 등의 방법으로 용기 안의 가스 온도가 상용의 온도를 초과하지 아니하도록 한 것을 말한다.

나. ( )은 액화질소, 액화산소 또는 액화아르곤(이하 "시험용 가스"라 한다)을 사용하여 실시한다.

가. 영하 50도
나. 단열성능시험

10

차압식 유량계 중 1가지를 쓰시오.

오리피스, 벤투리, 플로노즐

11

아세틸렌을 용기에 충전할 때 사용하는 침윤제 중 1가지를 쓰시오.

아세톤, DMF

12

고압가스 안전관리법에서 정하는 안전관리자의 업무에 대한 내용이다. ( )를 채우시오.

가. 사업소 또는 ( )의 시설·용기 등 또는 작업과정의 안전유지
나. ( )의 의무이행 확인
다. ( )의 시행 및 그 기록의 작성·보존

가. 사용신고시설
나. 공급자
다. 안전관리규정

실기[필답형] 기출문제 2022 * 1

01

도시가스에 대한 다음 물음에 답하시오.

가. 도시가스 원료 중 액체 성분 1가지를 쓰시오.
나. 도시가스 발열량을 가스비중의 평방근으로 나눈 값을 무엇이라 하는지 쓰시오.
다. 도시가스는 가스의 제조, (   ), 열량 조정 등의 공정에 의해 제조된다. 빈칸에 알맞은 말을 쓰시오.
라. 도시가스 누설 시 냄새로 알 수 있도록 첨가하는 것의 명칭은 무엇인지 쓰시오.
마. 수요처의 사용량에 따라 저장하는 기능을 하는 것은 무엇인지 쓰시오.

> 문제에 해당하는 핵심 키워드를 적어보세요.

가. LNG
나. 웨버지수
다. 정제
라. 부취제
마. 가스홀더

02

다음 빈칸에 알맞은 말을 채우시오.

"(가) 또는 (나)용기"란 동판 및 경판을 각각 성형하여 심 용접이나 그 밖의 방법으로 (가)하거나 (나)하여 만든 내용적 1리터 이하인 1회용 용기로서 에어졸제조용, 라이터충전용, 연료용 가스용, 절단용 또는 용접용으로 제조한 것을 말한다.

> 문제에 해당하는 핵심 키워드를 적어보세요.

가. 접합
나. 납붙임

03

도시가스 누출 시 냄새로 알 수 있게 첨가하는 것에 구비조건 2가지를 쓰시오.

- 화학적으로 안정하고 독성이 없을 것
- 보통 존재하는 냄새와 명확하게 식별될 것
- 극히 낮은 농도에서도 냄새가 확인될 수 있을 것
- 가스관이나 가스계량기 등에 흡착되지 않을 것
- 배관을 부식시키지 않을 것
- 물에 잘 녹지 않고 토양에 대하여 투과성이 클 것
- 완전히 연소가 가능하고 연소 후 냄새나 유해한 성질이 남지 않을 것

04

산소 압축기의 내부 윤활제로 주로 사용되는 것은 무엇인지 쓰시오.

물 또는 10[%] 이하의 묽은 글리세린수

05

액화석유가스의 안전관리 및 사업법에서 정한 안전관리자의 종류를 쓰시오.

안전관리총괄자, 안전관리부총괄자, 안전관리책임자, 안전관리원, 안전점검원

06

선팽창계수가 다른 2개의 금속판을 접합하여 가공한 온도계는 무엇인지 쓰시오.

바이메탈 온도계

07

다음 빈칸에 알맞은 말을 채우시오.

> 가연물이 연소되기 위해서는 (①), (②)이 필요하며 활성화 에너지가 (③), 발열량이 (④) 연소가 잘 일어난다.

① 산소공급원
② 점화원
③ 작고
④ 높을 때

08

공기의 성분이 산소, 질소, 이산화탄소, 아르곤일 때 공기 중 가장 많이 포함된 물질과 가장 적게 포함된 물질을 쓰시오.

가. 가장 많이 포함된 물질
나. 가장 적게 포함된 물질

가. 질소
나. 이산화탄소

09

철근콘크리트제 방호벽의 규격을 쓰시오.

가. 두께[cm]
나. 높이[m]

가. 12[cm] 이상
나. 2[m] 이상

10

게이지 압력이 1.03[MPa]일 경우 절대압력은 몇 [kgf/cm²]인지 쓰시오 (단, 대기압은 1.0332[kgf/cm²]이다).

풀이 $1.0332 + \dfrac{1.03}{0.101325} \times 1.0332 = 11.54$

답 11.54[kgf/cm²]

1atm = 0.101325MPa = 1.0332kgf/cm²

11

표시유량 이상의 가스량이 통과되었을 경우 가스유로를 차단하는 장치명을 쓰시오.

> 문제에 해당하는 핵심 키워드를 적어보세요.

과류차단 안전밸브

12

다음 보기를 보고 질문에 맞게 찾아 답하시오.

> 이산화탄소, 산소, 오존, 에탄, 메탄,
> 이산화황, 암모니아, 일산화탄소

가. 밀도가 가장 작은 가스
나. 온실가스로 분류되는 가스
다. 냄새로 식별이 가능한 가스
라. 가연성이면서 독성가스
마. 불연성 가스

> 문제에 해당하는 핵심 키워드를 적어보세요.

가. 메탄
나. 이산화탄소, 메탄
다. 암모니아, 이산화황, 오존
라. 일산화탄소, 암모니아
마. 이산화탄소, 이산화황

- 분자량 참고
  공기(29), 산소(32), 수소(2), 에틸렌(28), 에탄(30), 메탄(16), 불소(38), 아세틸렌(26), 암모니아(17), 일산화탄소(28)
- 냄새가 나는 가스 참고
  에틸렌(약간 단 냄새), 불소(강한 자극성 냄새), 아세틸렌(약간의 마늘 냄새), 암모니아(특유의 톡 쏘는 냄새), 염소(자극적인 냄새)
- 6대 온실가스
  이산화탄소(CO_2), 메탄(CH_4), 이산화질소(N_2O), 수소불화탄소(HFCs), 과불화탄소(PFCs), 육불화황(SF_6)

실기[필답형] 기출문제

2022 * 2

01

다음 보기를 보고 물음에 답하시오.

> 수소, 염소, 산소, 암모니아, 질소, 메탄

가. 밀도가 가장 작은 가스는?
나. 밀도가 가장 큰 가스는?
다. 조연성 가스는?
라. 독성이면서 가연성 가스는?
마. 공기액화분리기로 얻을 수 있는 가스는?
바. 압축 가스는?

문제에 해당하는 핵심 키워드를 적어보세요.

가. 수소
나. 염소
다. 산소, 염소
라. 암모니아
마. 산소, 질소
바. 산소, 수소, 질소, 메탄

- 분자량 참고
  공기(29), 산소(32), 수소(2), 에틸렌(28), 에탄(30), 메탄(16), 불소(38), 아세틸렌(26), 암모니아(17), 일산화탄소(28)

02

온도가 일정할 때, 일정량의 기체가 차지하는 체적은 압력에 반비례한다는 법칙을 무엇이라 하는지 쓰시오.

문제에 해당하는 핵심 키워드를 적어보세요.

보일의 법칙

03

추량식 가스계량기의 종류 2가지를 쓰시오.

문제에 해당하는 핵심 키워드를 적어보세요.

델타식, 터빈식, 오리피스식, 벤투리식

04

폴리에틸렌관의 최고사용압력을 쓰시오.

0.4[MPa] 이하

최고사용압력이 0.4[MPa] 이하인 배관으로서 지하에 매설하는 경우 폴리에틸렌관을 사용할 수 있다.

05

증기를 강제로 기화시킬 때 사용하는 장치를 쓰시오.

강제기화기

06

아세틸렌 위험도를 계산하시오 (단 아세틸렌의 폭발범위는 2.5 ~ 81[%]이다).

풀이 $H = \dfrac{U - L}{L}$

여기서,
H : 위험도, U : 폭발상한계, L : 폭발하한계

$\dfrac{81 - 2.5}{2.5} = 31.4$

답 31.4

07

다음 물음에 답하시오.

가. 측정값과 참값의 차이를 무엇이라고 하는가?
나. 반복된 측정 데이터를 얻어내어 그 차이가 어느 정도인지를 판단하는 것을 무엇이라 하는가?
다. 측정이 얼마나 정확하게 이루어졌는지를 나타내는 것을 무엇이라 하는가?

가. 절대오차 또는 오차
나. 정밀도
다. 정확도

08

도시가스 기체연료의 장단점을 쓰시오.

- 장점 : 경제적이다, 안정적인 공급이 가능하다.
- 단점 : 초기 설치비용이 비싸다, 발열량이 적다, 무색무취로 식별이 힘들다.

09

가스 배관에 상용압력 또는 0.7[MPa] 이상으로 실시하는 시험을 무엇이라 하는지 쓰시오.

기밀시험

상용압력 이상의 압력으로 기밀시험을 실시한다. 상용압력이 0.7[MPa]을 초과하는 경우에는 0.7[MPa] 이상의 압력으로 실시한다.

10

황(S)을 이산화황(SO_2)으로 완전연소 시 이론산소량[kg/kg]은 얼마인지 쓰시오.

풀이 $S + O_2 \rightarrow SO_2$
S 분자량 32[kg], O_2 분자량 32[kg]이므로
$\dfrac{32}{32} = 1$[kg/kg]

답 1[kg/kg]

11

가스 누설 시 경보가 울리고 자동으로 가스 공급을 차단하는 장치를 쓰시오.

가스누출 자동차단장치

12

다음 빈칸에 알맞은 단어를 쓰시오.

산소의 농도가 18~22[%]까지 된 것이 확인될 때까지 (①)로 반복 치환한다. 독성가스 농도는 (②) 기준농도 이하인 것을 재확인한다.

① 공기
② TLV-TWA

실기[필답형] 기출문제 — 2022 * 3

01

다음은 아세틸렌을 용기에 충전할 때의 기준이다. ( )에 알맞은 용어를 쓰시오.

가. 아세틸렌을 압축하여 온도에 관계없이 ( )[MPa]의 압력으로 할 때는 희석제를 첨가한다.
나. 습식가스 발생기의 표면온도는 ( )[℃] 이하로 유지한다.
다. 아세틸렌은 분해 폭발을 일으키므로 용기에 다공물질과 용제인 ( ), DMF를 넣어 용해 시켜 충전한다.
라. 충전 후 압력은 15[℃]에서 ( )[MPa] 이하로 한다.

가. 2.5
나. 70[℃]
다. 아세톤
라. 1.5

02

차압식 유량계 중 2가지를 쓰시오.

오리피스, 벤투리, 플로노즐

03

저장능력 1,000톤인 고압가스 일반제조시설에는 ( )1명, ( )1명, ( )1명, ( )2명의 안전관리자가 있어야 한다.

안전관리총괄자, 안전관리부총괄자, 안전관리책임자, 안전관리원

04

중소도시 지역에는 아직 LPG + Air 방식의 도시가스를 공급하고 있다. LPG에 Air를 혼입하는 방식 한 가지를 쓰시오.

공기혼합 가스공급 방식

05

( )에 들어갈 말을 순서대로 쓰시오.

> 액화가스란 가압(加壓) 또는 ( ) 등의 방법에 의하여 액체상태로 되어 있는 것으로서 대기압에서의 끓는점이 섭씨 40도 이하 또는 ( ) 이하인 것을 말한다.

문제에 해당하는 핵심 키워드를 적어보세요.

냉각, 상용온도

06

다음 보기를 보고 질문에 맞게 찾아 답하시오.

> 산소, 오존, 이산화탄소, 일산화탄소, 아르곤, 메탄, 이산화황, 암모니아

가. 밀도가 낮은 것은?
나. 밀도가 높은 것은?
다. 공기액화분리장치로 얻을 수 있는 것은?
라. 냄새로 알 수 있는 것은?
마. 6대 온실가스인 것은?
바. 가연성이면서 독성인 것은?

문제에 해당하는 핵심 키워드를 적어보세요.

가. 메탄
나. 이산화황
다. 아르곤, 산소
라. 이산화황, 암모니아, 오존
마. 이산화탄소, 메탄
바. 암모니아, 일산화탄소

- 분자량 참고
  공기(29), 산소(32), 수소(2), 에틸렌(28), 에탄(30), 메탄(16), 불소(38), 아세틸렌(26), 암모니아(17), 일산화탄소(28)
- 냄새가 나는 가스 참고
  에틸렌(약간 단 냄새), 불소(강한 자극성 냄새), 아세틸렌(약간의 마늘 냄새), 암모니아(특유의 톡 쏘는 냄새), 염소(자극적인 냄새)
- 6대 온실가스
  이산화탄소(CO_2), 메탄(CH_4), 이산화질소(N_2O), 수소불화탄소(HFCs), 과불화탄소(PFCs), 육불화황(SF_6)

07

공기 중에 산소는 21[v%]이다. 분자량이 29이면 산소 무게는 몇 [wt%]인지 구하시오.

문제에 해당하는 핵심 키워드를 적어보세요.

풀이 $\dfrac{32 \times 0.21}{29} \times 100 = 23.17$

답 23.17[wt%]

08

일산화탄소의 위험도를 구하시오 (폭발범위는 12.5 ~ 74[%]이다).

풀이 $H = \dfrac{U-L}{L} = \dfrac{74 - 12.5}{12.5} = 4.92$

답 4.92

09

입상높이 20[m]인 곳에 프로판(C_3H_8)을 공급할 때 압력손실은 수주로 몇 [mm]인지 구하시오 (단, C_3H_8의 비중은 1.50이다).

풀이 $H = 1.293(S-1)h = 1.293 \times (1.5-1) \times 20 = 12.93[mmH_2O]$

답 12.93[mmH_2O]

10

혼합성분의 시료가 분석관에 채워져 이동하면서 상호 물리 및 화학적 작용에 의하여 각각의 단일 성분으로 분리되는 원리를 가진 분석 방법이다. 가스의 성분을 분석하고, 발열량, 밀도, 웨버 지수, 연소 속도 등을 계산에 의하여 구할 수 있다. 위에서 설명하는 가스분석방법은 무엇인지 쓰시오.

가스크로마토그래피

11

가연성 가스 또는 독성가스의 고압가스설비에서 이상 상태가 발생한 경우 당해 설비 내의 내용물을 설비 밖 대기 중으로 방출시키는 장치의 명칭을 쓰시오.

벤트 스택

12

가연성 가스의 제조설비, 저장설비의 전기설비는 방폭성능을 가지는 것을 설치하여야 한다. 전기 불꽃에 의한 폭발을 방지하기 위한 방폭구조 2가지를 쓰시오.

유입 방폭구조, 안전증 방폭구조, 본질안전 방폭구조

실기[필답형] 기출문제 2022 * 4

01

다음을 보고 물음에 답하시오.

> 산소, 암모니아, 일산화탄소, 이산화탄소, 아르곤,
> 수소, 질소, 에틸렌

가. 공기보다 무거운 가스를 쓰시오.
나. 이원자 분자 가스를 쓰시오.
다. 냄새로 알 수 있는 가스를 쓰시오.
라. 6대 온실가스에 속하는 가스를 쓰시오.
마. 가연성이면서 독성인 가스를 쓰시오.

문제에 해당하는 핵심 키워드를 적어보세요.

가. 산소, 이산화탄소, 아르곤
나. 산소, 수소, 질소, 일산화탄소
다. 암모니아, 에틸렌
라. 이산화탄소
마. 일산화탄소, 암모니아

- 공기는 분자량이 약 29이므로 분자량이 큰 것을 찾는다.
  산소(32), 수소(2), 질소(28), 이산화탄소(44), 암모니아(17), 염소(71), 메탄(16), 에틸렌(28)

- 냄새가 나는 가스 참고
  에틸렌(약간 단 냄새), 불소(강한 자극성 냄새), 아세틸렌(약간의 마늘 냄새), 암모니아(특유의 톡 쏘는 냄새), 염소(자극적인 냄새)

- 6대 온실가스
  이산화탄소(CO_2), 메탄(CH_4), 이산화질소(N_2O), 수소불화탄소(HFCs), 과불화탄소(PFCs), 육불화황(SF_6)

02

다음과 같은 체적비율과 허용농도를 갖는 독성가스를 혼합하였을 때 허용농도를 구하시오.

체적비율	LC50
50[%]	25[ppm]
10[%]	2.5[ppm]
40[%]	∞

풀이 혼합 독성가스의 허용농도 산정식(KGS FP112)

$$LC50 = \frac{1}{\sum_i^n \frac{C_i}{LC50i}}$$

여기서,
$LC50$: 독성가스의 허용농도
$LC50i$: 부피 [ppm]으로 표현되는 i번째 가스의 허용농도
C_i : 혼합가스에서 i번째 독성성분의 몰분율
n : 혼합가스를 구성하는 가스 종류의 수

체적비율과 몰분율은 같은 의미이고, 독성가스는 2가지이며, 차지하는 합계 비율은 60[%]이다.

$$LC50 = \frac{1}{\sum_i^n \frac{C_i}{LC50i}} = \frac{0.6}{\frac{0.5}{25} + \frac{0.1}{2.5}} = 10[ppm]$$

답 10[ppm]

03

천연가스를 액화를 시켜 LNG로 만드는 이유를 쓰시오.

- 천연가스를 영하 161도에서 냉각해 액화시킨 것이 바로 LNG이다.
- 천연가스를 액화시켜 LNG로 만드는 이유는 부피를 600분의 1 수준으로 줄일 수 있어 저장이나 운반이 쉽기 때문이다.

04

다음 ( )에 알맞은 것을 쓰시오 (단, 같은 것을 쓰면 0점 처리됨).

물을 전기분해하면 양극에서는 (①) 기체가 나오고, 음극에서는 (②) 기체가 나온다.

① 산소
② 수소

05

이음새 없는(Seamless) 용기의 특징을 2가지만 쓰시오.

- 고압에 견디기 쉬운 구조이다.
- 내압에 대한 응력 분포가 균일하다.
- 용접용기에 비해 제작비가 비싸다.
- 두께가 균일하지 못할 수 있다.

06

지하 매설 도시가스 배관에 이온화 경향이 강한 금속을 전기적으로 연결해서 배관은 음극이 되도록 하는 전기방식법의 명칭을 쓰시오.

희생양극법

07

아세틸렌은 폭발범위가 넓어서 대단히 위험하다. 아세틸렌을 가열, 충격을 가했을 때, 폭발하는 것을 무슨 폭발이라고 하는지 쓰시오.

분해폭발

08

내용적 45[L]의 고압가스 용기에 대하여 내압시험을 하였다. 이 경우 30[kg/cm^2]의 수압을 걸었을 때 용기의 용적이 45.05[L]로 늘어났고, 압력을 제거하여 대기압으로 하였더니 용기용적은 45.004[L]로 되었다. 다음 물음에 답하시오.

가. 항구 증가율은 얼마인지 구하시오.
나. 합격여부를 판정하시오.

가. 항구증가율 = $\dfrac{항구증가량}{전증가량}$ = $\dfrac{45.004 - 45}{45.05 - 45} \times 100$
　　　　　　 = 8[%]
나. 합격(신규 용기에 대한 내압시험 시 항구증가율 10[%] 이하가 합격기준이다)

09
가스의 연소성, 가스의 호환성을 판단하는 지수를 무엇이라 하는지 쓰시오.

웨버지수

10
습식 가스계량기의 장점, 단점을 1가지씩 쓰시오.

가. 장점
나. 단점

가. • 유량이 정확하다.
　　• 사용 중에 오차의 변동이 적다.
나. • 설치면적이 크다.
　　• 사용 중에 수위조정 등의 관리가 필요하다.

11
다음 가스 공급 시설에 대하여 ( )에 공통적으로 들어갈 용어를 쓰시오.

> 가스 시설 중 ( )설비는 공급압력이 자동으로 제어되어야 하며, 공급가스 성분이 변동되어도 수용가에 일정한 열량을 공급하도록 ( )설비가 설치되어야 한다.

가스홀더

12
압력이 변함에 따라서, 금속의 탄성이 변하는 것을 이용한 탄성식 압력계를 2가지만 쓰시오.

부르동관식, 벨로즈식, 다이어프램식

실기[필답형] 기출문제

2023 * 1

01

모든 기체 1[mol]의 부피는 22.4[L]이다. 그렇다면 0.1[m³]는 몇 [mol]인지 구하시오.

풀이 $\dfrac{0.1 \times 1{,}000}{22.4} = 4.46[mol]$

※ $1[m^3] = 1{,}000[L]$

답 4.46[mol]

02

다음 빈칸에 들어갈 용어를 쓰시오.

> 가스누출검지장치는 검지부, ( ), 차단부로 이루어져 있다.

제어부

03

화씨 100도를 섭씨 온도로 변환하시오.

풀이 $\dfrac{5}{9} \times (100 - 32) = 37.78[℃]$

답 37.78[℃]

04

다음은 액화가스와 고압가스 정의를 설명하고 있다. 빈칸을 채우시오.

가. "액화가스"란 가압(加壓)·( ) 등의 방법에 의하여 액체상태로 되어 있는 것

나. "압축가스"란 일정한 ( )에 의하여 압축되어 있는 것

가. 냉각
나. 압력

05

연소에 대한 설명이다. 빈칸을 채우시오.

가. 연소는 가연물과 산소가 (　) 반응을 하면서 열과 빛을 내는 것이다.
나. 연료는 (　), 수소(H), 산소(O), 황(S) 등으로 이루어져 있다.
다. 프로판의 (　)는 2.1 ~ 9.5[%]이다.

가. 산화
나. 탄소(C)
다. 폭발범위(연소범위)

06

다음은 독성가스에 대한 내용이다. 빈칸을 채우시오.

독성가스란 성숙한 흰쥐 집단을 대기 중에서 1시간 동안 계속하여 노출시킨 경우 14일 이내에 그 흰쥐 집단의 (가) 이상이 죽게 되는 가스의 농도를 말한다. 허용농도가 100만분의 (나) 이하인 것을 말한다.

가. 2분의 1
나. 5,000

07

다음 보기를 보고 물음에 답하시오.

산소, 질소, 이산화탄소, 일산화탄소, 황화수소, 불소, 염소, 수소

가. 밀도가 가장 큰 가스는 무엇인가?
나. 밀도가 가장 작은 가스는 무엇인가?
다. 가연성 가스는 무엇인가?
라. 불연성 가스는 무엇인가?
마. 냄새로 구분할 수 있는 가스는 무엇인가?
바. 색깔로 구별할 수 있는 가스는 무엇인가?

가. 염소
나. 수소
다. 일산화탄소, 황화수소, 수소
라. 질소, 이산화탄소
마. 황화수소, 불소, 염소
바. 불소, 염소

- 공기는 분자량이 약 29이므로 분자량이 큰 것을 찾는다.
  산소(32), 수소(2), 질소(28), 이산화탄소(44), 암모니아(17), 염소(71), 메탄(16), 에틸렌(28)
- 냄새가 나는 가스 참고
  에틸렌(약간 단 냄새), 불소(강한 자극성 냄새), 아세틸렌(약간의 마늘 냄새), 암모니아(특유의 톡 쏘는 냄새), 염소(자극적인 냄새)
- 6대 온실가스
  이산화탄소(CO_2), 메탄(CH_4), 이산화질소(N_2O), 수소불화탄소(HFCs), 과불화탄소(PFCs), 육불화황(SF_6)

08

공기 액화분리장치를 통해 얻을 수 있는 가스 3가지를 쓰시오.

액화산소, 액화질소, 액화아르곤

09

다음 보기에서 설명하는 현상이 무엇인지 쓰시오.

> 저비점 액체 등을 이송 시 펌프의 입구에서 액 자체 또는 흡입배관 외부의 온도가 상승하여 고온의 액체가 끓는 현상 또는 흡입관로의 막힘으로 저항이 증대될 경우에 발생하는 현상을 말한다.

베이퍼 록 현상

10

가스용 PE관 열융착 이음 방식 2가지를 쓰시오.

맞대기 융착이음, 소켓 융착이음, 새들 융착이음

11

산소와 일산화탄소의 분자식을 쓰시오.

가. 산소
나. 일산화탄소

가. O_2
나. CO

12

프로판 200[kg]이 있다. 내용적이 40[L]인 용기에 프로판을 충전하고자 할 때 필요한 용기의 개수를 구하시오 (단, 충전정수는 2.35).

풀이 용기 1개당 질량

$$G = \frac{V}{C} = \frac{40}{2.35} = 17.02[kg]$$

$$\frac{200}{17.02} = 11.75 = 12$$

답 12개

실기[필답형] 기출문제 2023 * 2

01
일산화탄소의 완전연소반응식을 쓰시오.

$CO + 0.5O_2 \rightarrow CO_2$ 또는 $2CO + O_2 \rightarrow 2CO_2$

02
가스설비 등에서의 압력상승 특성에 따라 선정하는 과압안전장치의 명칭을 쓰시오.

가. 기체 및 증기의 압력상승을 방지하기 위하여 설치
나. 급격한 압력상승, 급성독성물질의 누출, 유체의 부식성 또는 반응생성물의 성상 등에 따라 안전밸브를 설치하는 것이 부적당한 경우에 설치

가. 안전밸브
나. 파열판

03
다음 빈칸에 들어갈 내용을 쓰시오.

가. 1[atm] = ( )[kPa]
나. 절대압력 = 대기압력 + ( )

가. 101.325
나. 게이지 압력

04

고압의 기체를 좁은 구멍으로 통과시키면 압력이 낮아지게 되는데, 이때 온도도 함께 냉각되는 현상으로 수소, 헬륨, 네온 3가지 기체를 제외한 모든 기체에서 나타나는 현상을 무엇이라고 하는지 쓰시오.

줄 - 톰슨효과(Joule-Thomson effect)

05

다음 물질의 분자식을 쓰시오.

가. 염소
나. 황화수소

가. Cl_2
나. H_2S

06

이상기체가 절대압력 2[kPa]에서 체적 5[L]이다. 이 기체를 절대압력 10[kPa]로 했을 때 체적[L]을 구하시오.

풀이 $2 \times 5 = 10 \times X$

답 1[L]

07

아세틸렌의 분해폭발을 방지하기 위해 충전 후 15[℃]에서 압력이 몇 [Pa] 이하로 될 때까지 정치하여야 하는지 쓰시오.

1,500,000[Pa]

아세틸렌을 용기에 충전하는 때의 충전 중의 압력은 2.5[MPa] 이하로 하고, 충전 후에는 압력이 15[℃]에서 1.5[MPa] 이하로 될 때까지 정치하여 둘 것
(1.5[MPa] = 1,500[kPa] = 1,500,000[Pa])

08

정상상태의 정압기에서 송출유량과 2차압의 관계를 무엇이라고 하는지 쓰시오.

> 문제에 해당하는 핵심 키워드를 적어보세요.
>
> **정특성**
>
> - 정특성 : 정상 또는 준정상 상태에서의 압력제어의 정밀도를 나타내는 것으로 유량특성이라고도 불리며 정압기로부터의 송출유량과 2차압의 관계를 나타낸다.
> - 동특성 : 2차측 부하를 급격히 변화시켰을 때의 2차압과의 과도응답성을 가리키는 것이다.
> - 유량특성 : 메인밸브 개도와 유량의 관계를 말한다.
> - 사용최대차압 : 메인밸브에 1차 압력과 2차 압력의 차가 발생하여 실제사용 범위 내에서 최대로 되었을 때의 차압을 말한다.
> - 작동최소차압 : 파일럿식 정압기가 작동할 수 없는 1차 압력과 2차 압력의 차압의 최소값을 말한다.

09

소형저장탱크 보호시설 중 높이 2[m] 이상, 두께 0.12[m] 이상의 철근 콘크리트 또는 이와 같은 수준 이상의 강도를 갖는 구조의 벽을 무엇이라고 하는지 쓰시오.

> 문제에 해당하는 핵심 키워드를 적어보세요.
>
> **방호벽**

10

다음 보기를 보고 물음에 답하시오.

> 산소, 수소, 질소, 염소, 메탄, 에틸렌, 이산화탄소, 암모니아

가. 공기보다 무거운 가스를 쓰시오.
나. 이원자 분자를 쓰시오.
다. 불연성가스를 쓰시오.
라. 냄새로 구분할 수 있는 가스를 쓰시오.
마. 온난화 현상과 관련 있는 가스를 쓰시오.

가. 산소, 염소, 이산화탄소
나. 산소 O_2, 수소 H_2, 질소 N_2, 염소 Cl_2
다. 질소, 이산화탄소
라. 암모니아, 에틸렌, 염소
마. 이산화탄소, 메탄

- 공기는 분자량이 약 29이므로 분자량이 큰 것을 찾는다.
  산소(32), 수소(2), 질소(28), 이산화탄소(44), 암모니아(17), 염소(71), 메탄(16), 에틸렌(28)
- 냄새가 나는 가스 참고
  에틸렌(약간 단 냄새), 불소(강한 자극성 냄새), 아세틸렌(약간의 마늘 냄새), 암모니아(특유의 톡 쏘는 냄새), 염소(자극적인 냄새)
- 6대 온실가스
  이산화탄소(CO_2), 메탄(CH_4), 이산화질소(N_2O), 수소불화탄소(HFCs), 과불화탄소(PFCs), 육불화황(SF_6)

11

가스 중 음속보다 화염전파속도가 큰 경우를 뜻하는 용어를 쓰시오.

답 폭굉

12

섭씨온도 40[℃]는 절대온도로 약 몇 [K]인가?

풀이 273 + 40 = 313[K]
답 313[K]

실기[필답형] 기출문제 2023 * 3

01

가스 시설 중에서 먼지 등의 이물질 제거를 위한 조정기 전단에 설치된 정압기 필수 설비로 유체 내 불순물을 제거하여 원활한 흐름을 돕는 장치의 명칭을 쓰시오.

> 필터

02

다음 보기를 보고 물음에 답하시오.

[보기]
산소, 수소, 일산화탄소, 이산화탄소, 암모니아, 질소, 메탄, 염소

가. 공기보다 무거운 가스를 쓰시오.
나. 고유의 냄새가 있는 가스를 쓰시오.
다. 불연성가스를 쓰시오.
라. 6대 온실가스에 해당하는 가스를 쓰시오.
마. 공기액화분리장치에서 분리하는 가스를 쓰시오.

> 가. 산소, 이산화탄소, 염소
> 나. 암모니아, 염소
> 다. 이산화탄소, 질소
> 라. 이산화탄소, 메탄
> 마. 산소, 질소
>
> - 가스의 분자량 : 공기(29), 산소(32), 수소(2), 일산화탄소(28), 이산화탄소(44), 암모니아(17), 질소(28), 메탄(16), 염소(71)
> - 냄새가 나는 가스 참고
>   에틸렌(약간 단 냄새), 불소(강한 자극성 냄새), 아세틸렌(약간의 마늘 냄새), 암모니아(특유의 톡 쏘는 냄새), 염소(자극적인 냄새)
> - 6대 온실가스 : 이산화탄소, 메탄, 아산화질소, 수소불화탄소, 과불화탄소, 육불화항

03

섭씨온도 40도를 랭킨온도[°R]로 얼마인지 쓰시오.

풀이 ① [℃]를 [°F]로 변환

$$[°F] = \frac{9}{5} \times 40 + 32 = 104[°F]$$

② [°F]를 [°R]로 변환

$$104 + 460 = 564[°R]$$

답 564[°R]

04

U자관으로 탱크의 압력이 측정했을 때 수은주가 38[cm]일 경우, 이를 절대압력[atm]으로 나타내시오 (단, 1[atm] = 760[mmHg]이다).

풀이 $\frac{380}{760} + 1 = 1.5$

답 1.5[atm · a]

(실제 문제지에서는 1[atm] = 76[mmHg]로 표기되어 있었으며, 일부시험장에서 760[mmHg]로 수정하여 풀이를 하도록 지시하였다고 하여 문제에 오류가 있는 것으로 보임)

05

어떤 기체가 10[L]의 용기에서 4[atm · g]이었을 때, 이 기체를 20[L]의 용기로 옮길 경우, 온도가 일정하다면 이때의 절대압력[atm · a]을 구하시오.

풀이 $P_1 V_1 = P_2 V_2$

$(4 + 1) \times 10 = P_2 \times 20$

$P_2 = 2.5[atm · a]$

답 2.5[atm · a]

06

다음 물질의 분자식을 쓰시오.

가. 일산화탄소
나. 수소

가. CO
나. H_2

07

프로판의 완전연소 반응식을 쓰시오.

$C_3H_8 + 5O_2 \rightarrow 3CO_2 + 4H_2O$

08

연소기의 공기혼합 방법 중 1차 공기를 취하지 않고 전부 불꽃 주변에서 취하는 2차 연소방식의 명칭을 쓰시오.

적화식

- 적화식 : 연소에 필요한 공기의 전부를 불꽃 주변에서 확산에 의해(2차 공기) 취한다.
- 분젠식 : 연소에 필요한 공기를 1차로 가스와 혼입하고 부족한 공기는 2차 공기로 취한다.
- 세미분젠식 : 적화식과 분젠식의 중간으로 1차 공기율이 낮으므로 내염과 외염의 구분이 확실하지 않은 불꽃을 만든다.
- 전1차 공기식 : 연소에 필요한 공기 전부를 1차 공기로서 흡입하여 이를 혼합관 내에서 혼합 연소시키는 방식이다.

09

천연가스와 석유가스 제조 시 생성되는 가스로 올레핀계 탄화수소 중에 가장 간단한 형태이고, 폭발하한계가 낮아 누설 시 위험한 가스의 명칭을 쓰시오.

에틸렌

탄소와 탄소 사이에 이중결합을 하나 이상 가지고 있는 알켄을 석유화학계에서는 올레핀이라고 부른다. 보통 C_nH_{2n}으로 표시된다. 가장 간단한 올레핀계로는 에틸렌(C_2H_4)이 있다.

10

수격(Water hammering) 현상을 방지하는 방법 1가지만 쓰시오.

- 관경을 크게 하고 유속을 낮춘다.
- 펌프에 플라이휠(Fly Wheel)을 설치하여 펌프의 급격한 속도 변화를 방지(펌프에 플라이휠을 붙여서 펌프의 동력 공급이 중단되어도 급격하게 회전이 떨어지지 않도록 하여 압력의 저하를 방지하는 방법)
- 조압수조(Surge Tank) 혹은 수격 방지기(WHC)를 설치한다.
- 밸브는 펌프 송출구 가까이 설치하고 적당한 밸브 제어를 한다.
- 배관은 가능한 직선적으로 시공한다.

11

고압가스 및 액화가스를 장거리로 이송하는 방법 2가지만 쓰시오.

선박이송, 탱크로리이송, 철도이송

12

자연기화로는 기화량에 한계가 있어 설치하는 장치로서, 한냉 시에도 연속적 가스공급이 가능하며, 가스조성이 일정한 기화방식을 무엇이라고 하는지 쓰시오.

강제기화기

실기[필답형] 기출문제 2023 * 4

01

액화석유가스(LPG)의 주성분 2가지를 쓰시오.

프로판(C_3H_8), 부탄(C_4H_{10})

- LPG 구성 : 프로판(C_3H_8), 부탄(C_4H_{10})이 주성분이고 프로필렌(C_3H_6), 부틸렌(C_4H_8)이 함유되어 있다.
- LNG 구성 : 메탄(CH_4)이 주성분이고 에탄(C_2H_6)이 함유되어 있다.

02

메탄의 완전연소 반응식을 쓰시오.

$CH_4 + 2O_2 \rightarrow CO_2 + 2H_2O$

03

펌프의 고속회전 시 압력이 낮아지는 부분에서 기포가 발생하는 현상을 무엇이라 하는지 쓰시오.

캐비테이션(Cavitation, 공동현상)

04

대기압이 755[mmHg]이고, 게이지 압력이 200[kPa]일 때 절대압력 [kPa]을 구하시오.

풀이 $\dfrac{755}{760} \times 101.325 + 200 = 300.66[kPa]$

1[atm] = 760[mmHg] = 101.325[kPa]

답 300.66[kPa]

05

다음에 제시하는 물질의 분자식을 쓰시오.

가. 질소
나. 산화에틸렌

가. N_2
나. C_2H_4O

06

다음 빈칸을 채우시오.

절대온도 1[K]를 섭씨온도[℃]로 변환하면 (　　)[℃]이다.

풀이 [K] = [℃] + 273

답 -272

07

가스제조시설에서 방호벽의 설치목적을 쓰시오.

폭발 시 피해 확대를 방지하기 위하여 설치

08

10[L] 용기에 0[℃], 200[kPa]의 가스가 있다. 이 용기의 온도가 40[℃]로 상승 시 내부 압력[kPa] 얼마가 되는지 계산하시오.

풀이 $\dfrac{200}{273+0} = \dfrac{x}{273+40}$

답 229.30[kPa]

09

액화가스 사용시설 중 일반탱크와 소형저장탱크를 나누는 기준(톤)을 쓰시오.

3톤

"소형저장탱크"란 액화석유가스를 저장하기 위하여 지상 또는 지하에 고정 설치된 탱크로서 그 저장능력이 3톤 미만인 탱크를 말한다.

10

다음의 보기를 보고 묻는 물음에 답하시오.

> 산소, 수소, 일산화탄소, 이산화탄소, 염소, 메탄, 암모니아,
> 시안화수소, 아세틸렌

가. 공기 중 가장 무거운 가스를 쓰시오.
나. 절단 용접 작업에 사용되는 가스를 쓰시오.
다. 불연성 가스를 모두 쓰시오.
라. 고유의 냄새가 있는 가스를 모두 쓰시오.
마. 6대 온실가스에 해당하는 가스를 모두 쓰시오.

문제에 해당하는 핵심 키워드를 적어보세요.

가. 염소
※ 산소(32), 수소(2), 일산화탄소(28), 이산화탄소(44), 염소(71), 메탄(16), 암모니아(17), 시안화수소(27), 아세틸렌(26)
나. 아세틸렌
다. 이산화탄소
라. 염소, 암모니아, 시안화수소, 아세틸렌
마. 이산화탄소, 메탄

- 냄새가 나는 가스 참고
  에틸렌(약간 단 냄새), 불소(강한 자극성 냄새), 아세틸렌(약간의 마늘 냄새), 암모니아(특유의 톡 쏘는 냄새), 염소(자극적인 냄새)
- 6대 온실가스
  이산화탄소(CO_2), 메탄(CH_4), 아산화질소(N_2O), 수소불화탄소(HFCs), 과불화탄소(PFCs), 육불화황(SF_6)

11

고압가스를 제조할 때 산소 중 가연성가스(아세틸렌, 에틸렌 및 수소는 제외한다)의 용량이 전체용량 4[%] 이상인 것과 가연성가스(아세틸렌, 에틸렌 및 수소는 제외한다) 중 산소용량이 전체용량 4[%]인 것에 대하여 금지하는 것을 쓰시오.

문제에 해당하는 핵심 키워드를 적어보세요.

압축금지

고압가스 제조 시 압축금지
고압가스를 제조하는 경우 다음의 가스는 압축하지 아니한다.
① 가연성가스(아세틸렌, 에틸렌 및 수소는 제외한다) 중 산소용량이 전체 용량의 4[%] 이상인 것
② 산소 중의 가연성가스(아세틸렌, 에틸렌 및 수소는 제외한다)의 용량이 전체 용량의 4[%] 이상인 것
③ 아세틸렌, 에틸렌 또는 수소 중의 산소용량이 전체 용량의 2[%] 이상인 것
④ 산소 중의 아세틸렌, 에틸렌 또는 수소의 용량 합계가 전체 용량의 2[%] 이상인 것

11

다음의 보기의 가스 중에서 설명에 해당하는 것을 모두 고르시오.

[보기]
산소, 수소, 에틸렌, 에탄, 메탄, 불소, 아세틸렌, 암모니아, 일산화탄소

가. 공기보다 무거운 가스는 무엇인가?
나. 냄새 없는 가스는 무엇인가?
다. 올레핀계 가스는 무엇인가?
라. 조연성 가스는 무엇인가?
마. 비점이 가장 낮은 가스는 무엇인가?

문제에 해당하는 핵심 키워드를 적어보세요.

가. 산소, 불소, 에탄
나. 수소, 산소, 일산화탄소, 메탄, 에탄
다. 에틸렌
라. 산소, 불소
마. 수소

- 분자량 참고
  공기(29), 산소(32), 수소(2), 에틸렌(28), 에탄(30), 메탄(16), 불소(38), 아세틸렌(26), 암모니아(17), 일산화탄소(28)
- 냄새가 나는 가스 참고
  에틸렌(약간 단 냄새), 불소(강한 자극성 냄새), 아세틸렌(약간의 마늘 냄새), 암모니아(특유의 톡 쏘는 냄새)

12

염소가스의 특성을 고르시오.

- 액화가스 / 압축가스
- 조연성 / 가연성 / 불연성
- 독성 / 비독성

문제에 해당하는 핵심 키워드를 적어보세요.

액화가스, 조연성, 독성

실기[필답형] 기출문제 2024 * 2

01
다음 물질의 분자식을 쓰시오.

가. 시안화수소
나. 아산화질소
다. 포스핀
라. 수소

답
가. HCN
나. N_2O
다. PH_3
라. H_2

02
에탄 1[Sm^3]을 완전연소시키는 데 필요한 이론산소량을 몇 [Sm^3]인가?

풀이 에탄 완전연소식
$C_2H_6 + 3.5O_2 \rightarrow 2CO_2 + 3H_2O$
에탄 1[mol](22.4[Sm^3]) 연소 시 산소 3.5[mol](22.4×3.5)이 필요하다.
에탄 1[Sm^3] 연소 시 필요한 이론산소량을 구하면

$$\frac{3.5 \times 22.4}{1 \times 22.4} = 3.5[Sm^3]$$ 이다.

답 3.5[Sm^3]

03
다음의 물음에 답하시오.

가. 연소의 3요소를 쓰시오.
 ①
 ②
 ③
나. 탄소의 완전연소반응식을 쓰시오.

답
가. ① 가연물질
  ② 산소공급원
  ③ 점화원
나. $C + O_2 \rightarrow CO_2$

04

LPG 사용시설에서 강제 기화방식을 적용했을 경우 장점 2가지를 쓰시오.

- 한랭 시에도 연속적으로 가스공급이 가능하다.
- 공급가스의 조성이 일정하다.
- 설치면적이 적다.
- 기화량을 가감할 수 있다.

05

다음 단위를 1[atm] 기준으로 변환하시오.

가. (　　)[Pa]
나. (　　)[mH₂O]
다. (　　)[mmHg]
라. (　　)[mbar]

$1[atm] = 101,325[Pa] = 10.33[mH_2O] = 760[mmHg] = 1,013.25[mbar]$

06

비접촉식 온도계 2가지를 쓰시오.

방사온도계, 광고온도계, 색온도계, 광고온계

07

무색무취로 공급되는 가스에 공기 중의 혼합비율의 용량이 1,000분의 1의 상태에서 가스 누출 시 그 유무를 쉽게 감지할 수 있도록 냄새가 나는 물질을 혼합하는데 이 물질을 무엇이라고 하는가?

부취제

08

다음 설명을 보고 ( )에 들어갈 용어를 쓰시오.

> 열역학 ( )법칙 : 온도가 다른 물체를 접촉시키면 높은 온도를 지닌 물체의 온도는 내려가고 낮은 온도의 물체의 온도는 올라가서 결국 두 물체는 열평형 상태가 된다.

문제에 해당하는 핵심 키워드를 적어보세요.

0(열역학 0법칙)

09

보기를 보고 다음의 설명에 해당하는 것을 모두 쓰시오.

[보기]
불소, 일산화탄소, 산소, 질소, 메탄, 이산화탄소, 황화수소

가. 공기보다 무거운 가스는?
나. 독성인 가스는?
다. 조연성인 가스는?
라. 공기액화분리장치에서 얻을 수 있는 가스는?
마. 대기 중에 있는 가스 중에 지구온난화와 관련 있는 가스는?

문제에 해당하는 핵심 키워드를 적어보세요.

가. 산소, 불소, 이산화탄소, 황화수소
나. 불소, 일산화탄소, 황화수소
다. 산소, 불소
라. 질소, 산소
마. 이산화탄소, 불소

- 공기분자량 : 29
  불소(38), 일산화탄소(28), 산소(32), 질소(28), 메탄(16), 이산화탄소(44), 황화수소(34)
- 6대 온실가스 : 이산화탄소, 메탄, 아산화질소, 수소불화탄소, 과불화탄소, 육불화황

10

27[℃], 100[kPa] 부피가 200[L]인 가스가 압력 200[kPa]을 받을 때 부피[L]를 구하고, 어떤 법칙이 적용되었는지 쓰시오.

문제에 해당하는 핵심 키워드를 적어보세요.

풀이 $P_1 V_1 = P_2 V_2$

$$V_2 = \frac{(100 + 101.325) \times 2}{200 + 101.325} = 1.336$$

답 1.34L
적용 법칙 : 보일의 법칙

11

다음 혼합가스의 평균 분자량의 계산하시오.

[보기]
질소 50[%], 산소 20[%], 이산화탄소 30[%]

풀이 $(28 \times 0.5) + (32 \times 0.2) + (44 \times 0.3) = 33.6$

답 33.6

12

정전기 방지 대책 관련하여 다음이 설명하는 용어를 쓰시오.

가. 지면과 금속을 전기적으로 연결하여 동일한 전위를 유지하여 작업자의 신체를 보호

나. 독립적인 두 금속을 전기적으로 연결시켜 동일한 전위를 유지

가. 접지
나. 본딩

실기[필답형] 기출문제   2024 * 3

01
다음에서 설명하는 방폭구조의 명칭을 기호로 작성하시오.

> 용기 내부에서 폭발이 발생해도 외부로 전파되지 않도록 설계된 구조입니다. 용기가 내부 폭발 압력을 견디며, 접합면이나 개구부를 통해 외부의 폭발성 가스에 인화되지 않도록 합니다.

d(내압방폭구조)

02
가스제조시설 자동제어의 장점 5가지를 쓰시오.

- 제어속도가 빠르다.
- 인건비를 절약할 수 있다.
- 제어 동작의 수정과 개선이 쉽다.
- 생산성이 향상된다.
- 안전하게 운전할 수 있다.

03
다음 ( )에 알맞은 말을 쓰시오.

> "( )"이란 대형(大型) 가스사고를 방지하기 위하여 오래되어 낡은 고압가스 제조시설의 가동을 중지한 상태에서 가스안전관리 전문기관이 정기적으로 첨단장비와 기술을 이용하여 잠재된 위험요소와 원인을 찾아내고 그 제거방법을 제시하는 것을 말한다.

정밀안전진단

04

탄소 1[kg]이 완전연소하는 데 필요한 이론산소량[kg]을 구하시오.

> 문제에 해당하는 핵심 키워드를 적어보세요.

풀이 $C + O_2 \rightarrow CO_2$

$$\frac{32}{12} = 2.667[kg]$$

답 2.67[kg]

05

0[℃], 1[atm]일 때 산소 5.6[L]는 몇 몰인지 구하시오.

> 문제에 해당하는 핵심 키워드를 적어보세요.

풀이 ① $\frac{5.6}{22.4} = 0.25$

② $n = \frac{PV}{RT} = \frac{1 \times 5.6}{0.0821 \times (0 + 273)} = 0.25\,mol$

여기서, $R = 0.0821\,atm \cdot L/mol \cdot K$

답 0.25[mol]

아보가드로법칙
아보가드로는 모든 기체는 온도와 압력이 일정하면, 같은 부피 안에는 같은 수의 분자가 존재한다고 밝혔는데, 이것을 아보가드로의 법칙이라고 부른다. 기체의 종류와 관계없이 22.4[L]로 일정하다는 것이다. 표준상태에서 기체 1몰의 부피 22.4[L]를 기체의 몰부피라 한다.

06

고압가스 충전용기 보관장소에 대한 다음 물음에서 ( )에 알맞은 것을 쓰시오.

가. 충전용기는 항상 ( )[℃] 이하의 온도를 유지하고, 직사광선을 받지 않도록 조치할 것
나. 용기보관장소의 주위 ( )[m] 이내에는 화기 또는 인화성물질이나 발화성물질을 두지 않을 것
다. 충전용기(내용적이 5[L] 이하인 것은 제외한다)에는 넘어짐 등에 의한 충격 및 ( )의 손상을 방지하는 등의 조치를 하고 난폭한 취급을 하지 않을 것
라. 가연성가스 용기보관소에는 ( )휴대용 손전등 외의 등화를 지니고 들어가지 않을 것

> 문제에 해당하는 핵심 키워드를 적어보세요.

가. 40
나. 2
다. 밸브
라. 방폭형

07

다음 보기의 ( )을 채우시오.

> 정압기 작동원리의 기본이 되는 것은 직동식 정압기로서 기본구조는 2차 압력을 감지하고, 2차 압력의 변동을 밸브에 전하는 (①)과 조정하여야 할 압력을 설정하는 (②) 및 가스량을 밸브의 개폐 정도에 따라 직접 조정하는 (③)로 구성되어 있다.

> 문제에 해당하는 핵심 키워드를 적어보세요.

① 다이어프램(Diaphram)
② 스프링(Spring)
③ 메인 밸브(Main Valve)

08

다음 설명에서 해당하는 가스를 보기에서 모두 골라 번호를 쓰시오.

> ① 산소　　　　② 질소
> ③ 메탄　　　　④ 아세틸렌
> ⑤ 일산화탄소　⑥ 불소
> ⑦ 산화에틸렌　⑧ 포스겐
> ⑨ 프로판

가. 가연성가스, 독성가스를 각각 쓰시오.
나. 환산속도가 가장 느린 것을 쓰시오.
다. 확산속도가 가장 빠른 것을 쓰시오.
라. 비점이 가장 낮은 것을 쓰시오.
마. 수분과 반응하여 부식성물질을 생성하는 것을 쓰시오.

> 문제에 해당하는 핵심 키워드를 적어보세요.

가.
- 가연성가스 : ③ 메탄, ④ 아세틸렌, ⑤ 일산화탄소, ⑦ 산화에틸렌, ⑨ 프로판
- 독성가스 : ⑤ 일산화탄소, ⑥ 불소, ⑦ 산화에틸렌, ⑧ 포스겐

나. ③ 메탄
다. ⑧ 포스겐
라. ② 질소(-196[℃])
마. ⑧ 포스겐($COCl_2 + H_2O \rightarrow CO_2 + 2HCl$)

09

다음에 나열한 물질의 분자식을 쓰시오.

가. 산화질소
나. 황화수소
다. 클로로메탄
라. 에틸렌

> 문제에 해당하는 핵심 키워드를 적어보세요.

가. 산화질소 : NO
나. 황화수소 : H_2S
다. 클로로메탄 : CH_3Cl
라. 에틸렌 : C_2H_4

10

섭씨온도 20도를 다음 단위로 온도변환을 하시오.

가. [K]
나. [°F]

> 문제에 해당하는 핵심 키워드를 적어보세요.

가. $20[℃] + 273 = 293[K]$
나. $20[℃] \times \dfrac{9}{5} + 32 = 68[°F]$

11

용기에 의한 액화석유가스 사용시설에 대한 다음 물음에서 (   )에 들어갈 알맞은 것을 쓰시오.

가. 개방형연소기를 설치한 실에는 (①)를 설치하는 등 수시로 환기가 가능하도록 한다.
나. 반밀폐형연소기는 (②)을 설치한다.
다. 가스온풍기의 배기를 위해 (③)을 설치한다.
라. 가스온풍기와 (③)은 (④) 등으로 접합한다.

> 문제에 해당하는 핵심 키워드를 적어보세요.

① 환풍기나 환기구
② 급기구와 배기통
③ 배기통
④ 나사식이나 플랜지식 또는 밴드식

12

가스를 공급하는 시설에서 쓰이는 장치로서 공급하는 가스의 최대 유량에 적합하고 측정 중 오차범위가 없어야 하기에 그에 맞는 내구성과 기밀성이 필요하다. 이 장치의 명칭을 쓰시오.

> 문제에 해당하는 핵심 키워드를 적어보세요.

가스계량기(가스미터)

실기[필답형] 기출문제 2024 * 4

01
일산화탄소의 완전연소반응식을 쓰시오.

$CO + 0.5O_2 \rightarrow CO_2$ 또는 $2CO + O_2 \rightarrow 2CO_2$

02
다음 설명에서 ( )를 채우시오.

> 초저온용기란 섭씨 (①) 이하의 액화가스를 충전하기 위한 용기로서 단열재로 피복하거나 냉동설비로 냉각하는 등의 방법으로 용기 안의 가스 온도가 (②)를 초과하지 아니하도록 한 것을 말한다.

① -50℃ (영하 50도)
② 상용의 온도

03
펌프에서 운전 중에 특징적으로 발생하는 현상 4가지를 쓰시오.

수격작용(Water hammering), 캐비테이션 현상(Cavitation), 베이퍼 록 현상(Vapor lock), 서징(Surging)

04
LNG의 주성분을 쓰시오.

메탄(CH_4)

05

다음 물음에 답하시오.

가. 측정값과 참값의 차이를 무엇이라 하는지 쓰시오.

나. 측정 결과에 대한 신뢰도를 수량적으로 표시한 척도를 무엇이라 하는지 쓰시오.

다. 계측기기가 측정량의 변화에 민감한 정도를 나타낸 값을 무엇이라 하는지 쓰시오.

> 문제에 해당하는 핵심 키워드를 적어보세요.
>
> 가. 오차
> 나. 정도
> 다. 감도

06

LP가스를 탱크로리로부터 저장탱크에 이송시키는 방식 2가지를 쓰시오.

> 문제에 해당하는 핵심 키워드를 적어보세요.
>
> • 차압에 의한 이송
> • 펌프에 의한 이송
> • 압축기에 의한 이송

07

다음 보기의 가스중 설명에 해당하는 가스를 모두 골라 그 번호를 쓰시오.

[보기]
① 산소　② 수소　③ 일산화탄소
④ 불소　⑤ 암모니아　⑥ 에틸렌
⑦ 아세틸렌　⑧ 메탄　⑨ 포스겐

가. 독성가스를 쓰시오.

나. 조연성가스를 쓰시오.

다. 확산속도가 가장 빠른것, 느린것을 쓰시오.

라. 온실가스에 해당하는 것을 쓰시오.

마. 고온, 고압하에서 철(Fe)족과 매우 활발하게 반응하는 환원성이 강한 가스를 쓰시오.

> 문제에 해당하는 핵심 키워드를 적어보세요.
>
> 가. ③ 일산화탄소, ④ 불소, ⑤ 암모니아, ⑨ 포스겐
> 나. ① 산소, ④ 불소
> 다. 빠른 것 : ② 수소
> 　　느린 것 : ⑨ 포스겐
> 마. ⑧ 메탄
> 바. ② 수소
> • 6대 온실가스 : 이산화탄소, 메탄, 아산화질소, 수소불화탄소, 과불화탄소, 육불화황

08

흡수광도법으로 파장을 흡수하여 특정가스의 농도를 검출하는 검출기로 검지거리는 0.5m에서 30m까지며 반사판을 이용할 경우 100m까지 가능하다. 이 장비의 명칭을 쓰시오.

레이저 메탄 검지기(Laser Methane Detector)

09

게이지압력이 10atm 이다. 절대압력(atm)을 구하시오. (단, 대기압은 101.325kPa이다)

풀이 10atm + 1atm = 11atm
답 11atm

- 절대압력 = 게이지압력 + 대기압
- 1atm = 101.325kPa

10

벌크로리측의 호스어셈블리에 의한 충전에 관한 다음 내용중 빈 ( )에 알맞은 것을 쓰시오.

가. 충전작업자는 충전호스 끝의 세이프티커플링 및 소형저장탱크의 세이프티커플링으로부터 캡을 열기 전에 ( )밸브를 열어 압력이 없음을 확인하고 커플링을 접속한 후에는 액화석유가스 검지기 등을 사용하여 접속부의 가스누출이 없음을 확인한다.

나. 충전작업자는 ( )m 이상 길이의 충전호스를 사용하여 충전하는 경우에는 별도의 충전보조원에게 충전작업중 충전호스를 감시하게 한다.

가. 블리더
나. 10m

11

고압가스를 저장 또는 취급하는 장소에서 위해 요소가 다른 쪽으로 전이 되는 것을 방지하기 위해 철근콘크리트 또는 이와 같은 수준 이상의 강도를 가지는 것으로 만든 방호구조의 벽을 방호벽이라 한다. 다음 물음에 답하시오.

가. 높이는 얼마(m) 이상이어야 하는가?
나. 두께는 얼마(cm) 이상이어야 하는가?

가. 2m
나. 12cm

12

다음 물질의 분자식을 쓰시오.

가. 질소
나. 아세틸렌
다. 이황화탄소
라. 아산화질소

가. N_2
나. C_2H_2
다. CS_2
라. N_2O

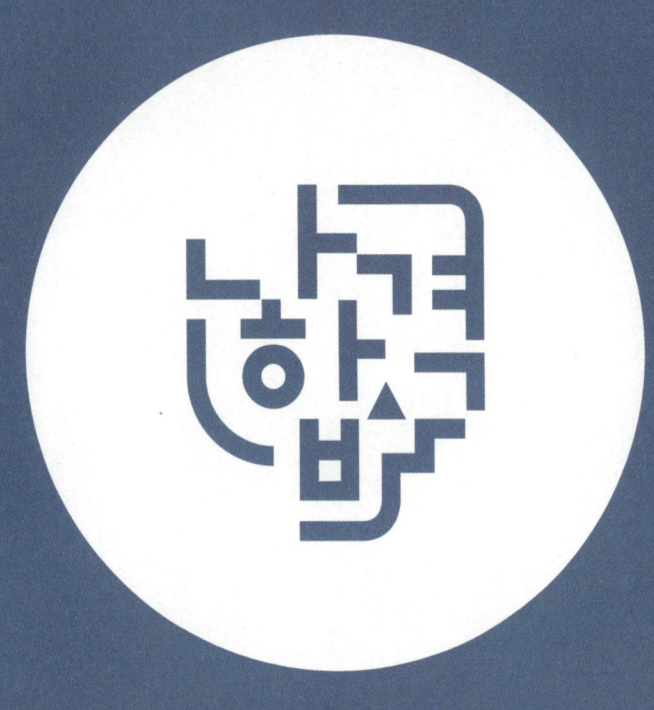

PART 06

실기[동영상] 기출문제

2019년 　실기[동영상] 기출문제
2020년 　실기[동영상] 기출문제
2021년 　1, 2, 3, 4회 실기[동영상] 기출문제
2022년 　1, 2, 3, 4회 실기[동영상] 기출문제
2023년 　1, 2, 3, 4회 실기[동영상] 기출문제
2024년 　1, 2, 3, 4회 실기[동영상] 기출문제

※ 2021년부터 가스기능사 실기 시험이 필답형(12문항)과 작업형(12문항) 각 50점 배점으로 변경되었습니다.
동영상 중복문제는 삭제 후 수록하였습니다.

실기[동영상] 기출문제 2019

01

다음 가스 크로마토그래피에 사용되는 캐리어 가스의 종류 3가지를 쓰시오.

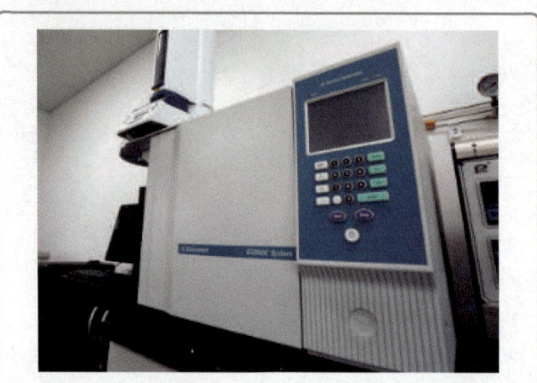

정답 | 수소, 헬륨, 질소, 아르곤

02

다음 충전용기 밸브에 각인된 "LG"의 의미를 설명하시오.

정답 | LPG를 제외한 액화가스를 충전하는 용기 부속품

- AG : 아세틸렌가스 충전용기 부속품
- PG : 압축가스 충전용기 부속품
- LPG : 액화석유가스 충전용기 부속품
- LG : 액화석유가스를 제외한 액화가스 충전용기 부속품
- LT : 초저온 용기 및 저온 용기 부속품

03

다음 정압기의 명칭을 쓰시오.

정답 | AFV식 정압기

04

다음 배관용 부속의 명칭을 쓰시오.

정답 | ① 엘보 ② 티 ③ 이경티 ④ 레듀샤

05

액화석유가스 용기보관실 지붕 재료의 구비조건 2가지를 쓰시오.

정답 | 가벼울 것, 불연성 또는 난연성일 것

06

다음 LPG 충전기와 사업소 대지 경계까지의 안전거리를 쓰시오.

정답 | 24[m]

07

다음 가스용기 중 왼나사인 용기를 쓰시오.

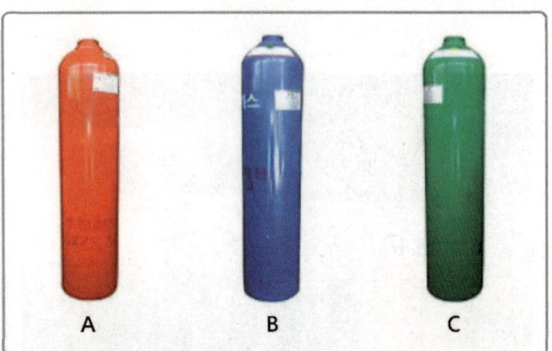

정답 | A : 수소용기

- 가연성 가스 : 왼나사(단, NH_3, CH_3Br은 제외)
- 가연성 가스 외 : 오른나사

08

도시가스 배관 중 내관의 호칭지름이 20A일 때 배관고정은 몇 [m] 이내의 간격으로 설치하여야 하는지 쓰시오.

정답 | 2[m]

배관의 호칭지름	고정 간격
13[mm] 미만	1[m] 마다
13[mm] 이상 33[mm] 미만	2[m] 마다
33[mm] 이상	3[m] 마다

09

다음 도시가스시설의 방식용 정류기에서 방식 전류의 기준을 쓰시오 (포화황산동 기준전극).

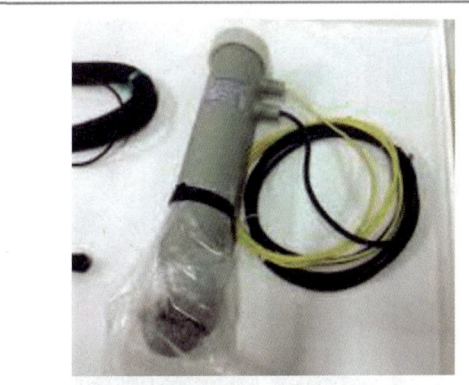

정답 |
- 방식전위 상한값 : -0.85[V] 이하
- 방식전위 하한값 : -2.5[V] 이상

- 고압가스시설 : 포화황산동 기준전극으로 -5[V] 이상 -0.85[V] 이하
- 액화석유가스시설 : 포화황산동 기준전극으로 -0.85[V] 이하
- 도시가스시설 : 포화황산동 기준전극으로 -2.5[V] 이상 -0.85[V] 이하

10

다음 보여주는 부분은 LPG 자동차 충전호스이다. 이 호스의 길이와 표시된 부분의 명칭을 쓰시오.

정답 | 5[m] 이내, 안전 커플링(safety coupling)

역할
충전호스에 과도한 인장력이 가해졌을 때 충전기와 가스 주입 장치가 자동으로 분리되도록 한 안전장치

11

다음 환기구의 통풍면적은 바닥면적 1[m²]당 몇 [cm²]의 비율로 하여야 하며 환기구 1개소의 면적은 몇 [cm²] 이하로 해야 하는지 쓰시오.

정답 |
- 통풍면적 : 바닥면적 1[m²]당 300[cm²]의 비율
- 환기구 1개소의 면적 : 2,400[cm²] 이하

12

다음 도시가스 가스계량기와 전기계량기와의 이격거리를 쓰시오.

정답 | 60[cm] 이상

가스계량기와의 이격거리
- 전기계량기 및 전기개폐기 : 60[cm] 이상
- 굴뚝(단열조치를 하지 않은 경우에 한하여)·전기점멸기 및 전기접속기 : 30[cm] 이상
- 절연조치를 하지 않은 전선 : 15[cm] 이상

13

다음 그림에서 가스용 PE관과 금속관을 연결할 때 사용하는 부속품의 명칭을 영문으로 쓰시오.

정답 | Transition Fitting(이형질 이음관, TF이음관)

14

다음 계측장치의 명칭과 용도를 2가지만 쓰시오.

정답 |
- 명칭 : 자유피스톤식 압력계
- 용도 : 연구실·실험실 용도, 2차 압력계(부르동관식) 교정용

15

다음 도시가스를 사용하는 연소기에서 불완전 연소가 발생하는 원인 2가지를 쓰시오.

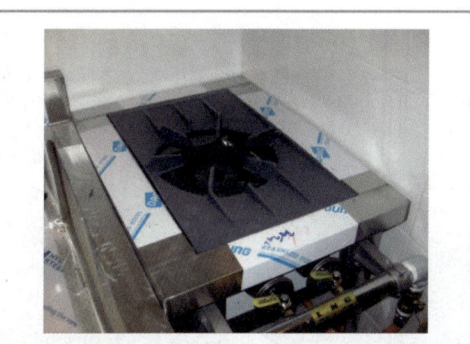

정답 |
- 연소용 공기 공급량 부족
- 배기 및 환기 부족
- 가스 조성 불량
- 연소기의 부적합
- 프레임 냉각

16

다음 LPG를 이·충전할 때 압축기를 사용할 경우 장점 2가지를 쓰시오.

정답 |
- 펌프에 비하여 이송시간이 짧다.
- 잔가스 회수가 가능하다.
- 베이퍼 록 현상이 없다.

	장점	단점
액펌프에 의한 방법	• 재액화 우려가 없다. • 드레인 현상이 없다.	• 충전시간이 길다. • 잔가스 회수가 불가능하다. • 베이퍼 록 현상이 일어나 누설의 원인이 된다.
압축기에 의한 방법	• 펌프에 비해 이송시간이 짧다. • 베이퍼 록 현상의 우려가 없다. • 잔가스 회수가 용이하다.	• 압축기 오일이 저장탱크에 들어가 드레인의 원인이 된다. • 저온에서 부탄이 재액화될 우려가 있다.

17

다음 배관부속의 명칭을 쓰시오.

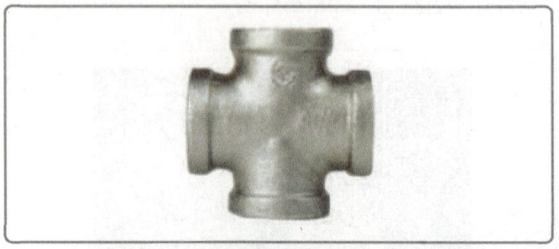

정답 | 크로스

18

다음에 사용되는 가스 명칭을 쓰고 폭발범위를 쓰시오.

정답 |
- 가스명칭 : 부탄(C_4H_{10})
- 폭발범위 : 1.8 ~ 8.4[%]

19

다음 도시가스 사용시설에 사용되는 가스용품으로 합계유량 초과 차단, 증가유량 초과 차단, 연소사용시간 차단, 가스누설 감지기 차단 성능을 갖는 이 기기의 명칭을 쓰시오.

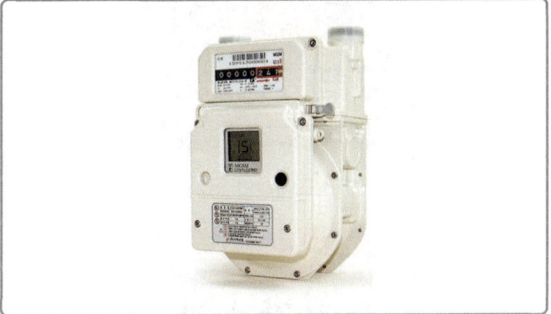

정답 | 다기능 가스안전계량기

20

도시가스 사용시설에 설치된 가스계량기의 설치높이는 바닥으로부터 얼마인지 쓰시오.

정답 | 1.6[m] 이상 2[m] 이내

21

다음에서 지시하는 것의 명칭과 규격을 쓰시오.

정답 |
- 명칭 : 로케팅 와이어
- 규격 : 6[mm^2] 이상

PVC계통의 관을 지하에 매설 시 추후 굴착공사 시 정확한 매설 위치를 탐지하기 위한 구리동선을 로케팅 와이어라고 한다. 로케팅 와이어는 관로 중간 중간에 위치한 밸브함의 단자로 연결되어 있는데 관의 위치를 찾을 때 단자에 발진기를 연결하면 와이어를 따라서 주변에 발진 자기장이 생기는데 그 발진파를 지상에서 수신기로 탐색하는 식으로 위치를 찾을 수 있다.

22

다음 도시가스 누출 검지경보 농도의 기준을 쓰시오.

정답 | 폭발하한의 1/4 이하

검지농도는 가연성 가스일 경우 폭발하한의 1/4 이하, 독성 가스일 경우 허용농도 이하

23

다음 도시가스 배관 표지판이 제조공급소 밖에 설치되어 있는 경우이다. 각각의 설치간격을 쓰시오.

① 가스도매사업 표지판

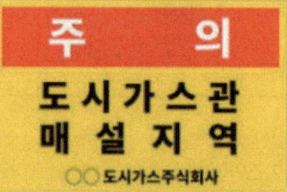

② 일반도시가스사업 표지판

정답 |

① 500[m] ② 200[m]

도시가스 배관의 표지판		
	제조소 및 공급소의 배관시설	제조소 및 공급소 밖의 배관시설
가스도매사업	500[m]마다	500[m]마다
일반도시가스 사업	500[m]마다	200[m]마다
고압가스안전 관리법	지상배관 : 1,000[m]마다 지하배관 : 500[m]마다	

24

다음은 연료용 가스를 사용하는 시설의 모습으로 지시하는 부분의 명칭을 쓰시오.

정답 | ① 제어부 ② 차단부 ③ 검지부

- 제어부 : 차단부에 자동차단 신호를 보내는 기능, 차단부를 원격 개폐할 수 있는 기능 및 경보기능
- 차단부 : 제어부로부터 보내진 신호에 따라 가스의 유로를 개폐하는 기능
- 검지부 : 누출된 가스를 검지하여 제어부로 신호를 보내는 기능

25

다음 배관에서 SDR 11일 때 최고사용압력을 쓰시오.

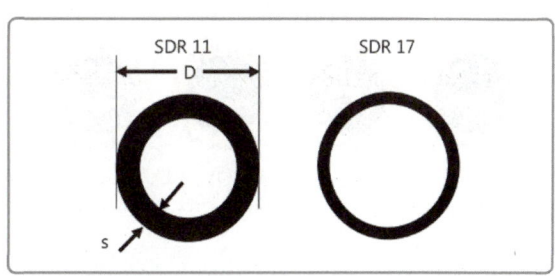

정답 | SDR 11 : 0.4[MPa]

SDR(Standard Dimension Ratio) : 지름에 대비하는 두께에 대한 관계식을 나타낸 것
SDR = D / s [D : 파이프 외경[mm], s : 파이프 두께[mm]]

상당 SDR	압력
11 이하	0.4[MPa]
17 이하	0.25[MPa]
21 이하	0.2[MPa]

26

다음 설비에서 강제통풍장치의 통풍능력을 쓰시오.

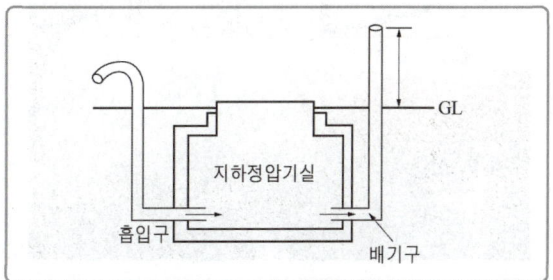

정답 | 바닥면적 1[m²]당 0.5[m³/min]

27

다음의 명칭과 설치기준 3가지를 쓰시오.

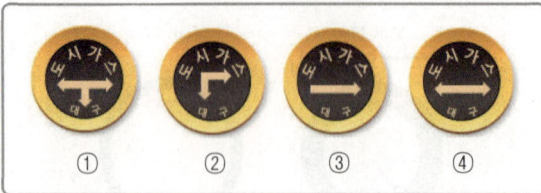

정답 |
- 명칭 : 라인마크
- 라인마크(line-mark)의 설치기준은 다음과 같다.
  - 「도로법」에 따른 도로 및 공동주택 등의 부지 안 도로에 도시가스 배관을 매설하는 경우에는 라인마크를 설치한다.
  - 라인마크의 종류는 금속재 라인마크, 스티커형 라인마크 및 네일형(nail) 라인마크로 한다.
  - 라인마크는 배관길이 50[m]마다 1개 이상 설치하되, 주요 분기점·굴곡지점·관말지점 및 그 주위 50[m] 안에 설치한다.

29

다음 배관을 연결할 때 이종금속 간의 접촉 등에 의해서 부식이 발생하는 것을 방지하기 위하여 사용되는 부속명칭을 쓰시오.

정답 | 절연 플랜지

28

LPG용 차량에 고정된 탱크가 정차하는 위치에 설치된 냉각살수장치의 조작위치는 탱크외면으로부터 얼마인지 쓰시오.

정답 | 5[m] 이상

30

다음 가스계량기의 명칭을 쓰시오.

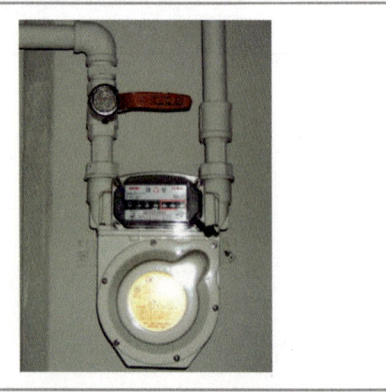

정답 | 막식 가스계량기

31

다음 가스 배관이 "ㄷ"자 형으로 되어 있는 것의 명칭을 쓰시오.

정답 | 신축흡수장치

32

공동주택에 저압 압력 조정기를 설치할 경우 설치기준을 쓰시오.

정답 | 공동주택 등에 공급되는 도시가스 압력이 저압으로서 전체 세대수가 250세대 미만인 경우
(도시가스사업법 시행규칙 [별표 6] 〈개정 2022.1.21.〉 참고)

① 공동주택 등에 공급되는 가스압력이 중압 이상으로서 전체 세대수가 150세대 미만인 경우
② 공동주택 등에 공급되는 가스압력이 저압으로서 전체 세대수가 250세대 미만인 경우

33

다음 도시가스 배관을 지하에 매설 시 사용하는 것으로 지시하는 부분의 명칭을 쓰시오.

정답 | ① 보호판 ② 보호포

34

도시가스 정압기실 내부의 조명도는 얼마인지 쓰시오.

정답 | 150룩스 이상

> 지하에 설치하는 지역정압기 시설의 조작을 안전하고 확실하게 하기 위하여 필요한 조명도 150룩스를 확보할 것

35

다음은 도시가스의 정압기실이다. 여기에 설치된 설비의 명칭을 영문 약자로 쓰시오.

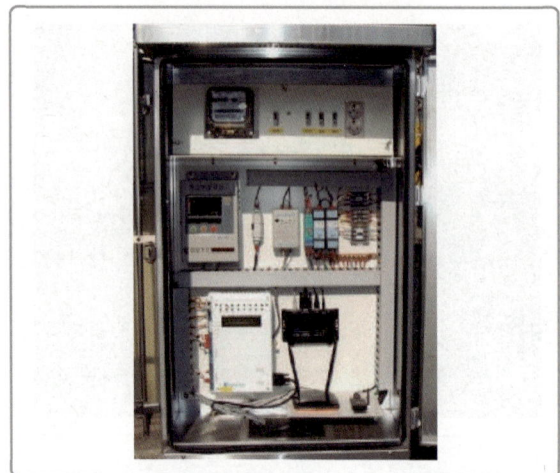

정답 | R.T.U(Remote Terminal Unit)

> 정압기 운영상태, 긴급차단장치 운영, 원격전위 측정값의 상태정보를 수집해 전송 가능한 형식으로 데이터를 변환한 뒤 중앙기지국으로 송신하는 장치

36

다음 전위측정용 터미널(T/B)은 외부전원법에서는 몇 [m]의 간격으로 설치해야 하는지 쓰시오.

정답 | 500[m]마다 설치

37

아세틸렌 충전용기에 각인된 사항을 각각 설명하시오.

가. TP :
나. FP :
다. TW :
라. V :

정답 |
가. 내압시험압력
나. 최고충전압력
다. 용기의 질량에 다공물질 및 용제, 밸브의 질량을 합한 질량
라. 내용적

38

다음 도시가스 매설배관에 사용된 배관 종류이다. 명칭을 쓰시오.

① ②

정답 |
① PE관(폴리에틸렌관)
② PLP관(폴리에틸렌 피복강관)

39

다음은 PE관 융착이음이다. 각각의 이음 명칭을 쓰시오.

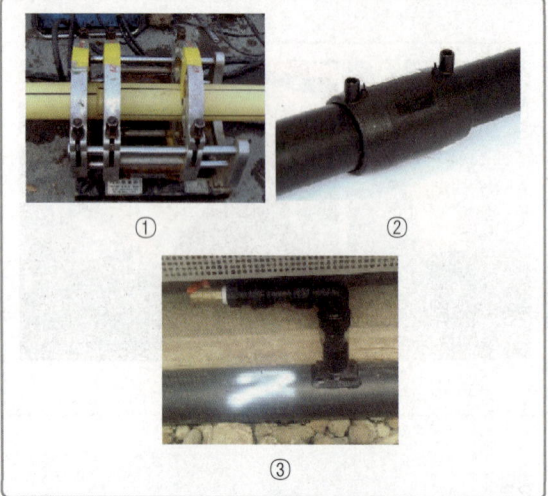

정답 |
① 맞대기 융착이음
② 소켓 융착이음
③ 새들 융착이음

40

다음 방폭구조 5가지를 명칭과 함께 기호로 답하시오.

정답 |
• 내압 방폭구조 : d
• 유입 방폭구조 : o
• 압력 방폭구조 : p
• 안전증 방폭구조 : e
• 본질안전 방폭구조 : ia 또는 ib
• 특수 방폭구조 : s

실기[동영상] 기출문제 2020

01

다음 방폭등 명판에 기재되어 있는 내용 중 "T4"가 의미하는 것을 쓰시오.

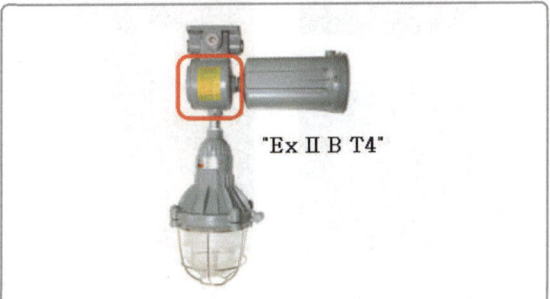

"Ex II B T4"

정답 | 방폭 전기기기의 온도등급을 나타내는 것으로 가연성 가스의 발화도 범위가 135[℃] 초과 200[℃] 이하이다.

가연성 가스의 발화도 범위에 따른 방폭 전기기기의 온도등급

가연성 가스의 발화도[℃] 범위	방폭 전기기기의 온도등급
450 초과	T1
300 초과 450 이하	T2
200 초과 300 이하	T3
135 초과 200 이하	T4
100 초과 135 이하	T5
85 초과 100 이하	T6

02

도시가스 매설배관의 누설을 탐지하는 차량에 설치된 가스누출 검지기의 명칭을 쓰시오.

정답 | 수소불꽃 이온화 검출기(FID)

03

다음 장치의 명칭과 용도를 쓰시오.

정답 |
- 명칭 : 피그(Pig)
- 용도 : 배관 내 이물질 제거

04

다음 가스 용기에 충전하는 공업용 가스 명칭을 쓰시오.

정답 |
① 아세틸렌
② 산소
③ 이산화탄소
④ 수소

05

다음 밸브의 명칭을 쓰시오.

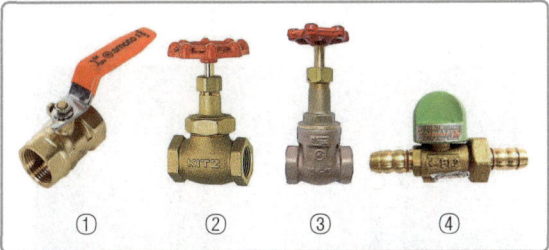

정답 |
① 볼밸브
② 글로브밸브
③ 게이트밸브
④ 퓨즈 콕

07

액화산소, 액화질소 등을 충전하는 용기의 명칭과 정의를 쓰시오.

정답 |
- 명칭 : 초저온 용기
- 정의 : -50[℃] 이하인 액화가스를 충전하기 위한 용기

06

도시가스 사용시설에 설치된 가스계량기의 설치높이는 바닥으로부터 얼마인지 쓰시오.

정답 | 1.6[m] 이상 2[m] 이내

08

다음 환기구의 통풍면적은 바닥면적 1[m²]당 몇 [cm²]의 비율로 하여야 하며 환기구 1개소의 면적은 몇 [cm²] 이하로 해야 하는지 쓰시오.

정답 |
- 통풍면적 : 바닥면적 1[m²]당 300[cm²]의 비율
- 환기구 1개소의 면적 : 2,400[cm²] 이하

09

용기 부속품(충전용기 밸브)에 각인된 기호에 대하여 설명하시오.

정답 |
① AG : 아세틸렌가스 용기 부속품
② PG : 압축가스 용기 부속품

10

도시가스 배관을 지하에 매설 시 사용하는 것으로 지시하는 부분의 명칭을 쓰시오.

정답 |
① 보호판
② 보호포

11

다음 장치의 명칭과 기능을 쓰시오.

정답 |
- 명칭 : 사방밸브
- 기능 : 기체(잔가스) 회수를 위해 이송방향을 전환시키는 것

12

긴급차단장치의 동력원 종류 4가지를 쓰시오.

정답 | 액압, 기압, 전기식, 스프링식

14

다음은 정전기를 제거하기 위하여 설치한 시설물이다. 정전기를 제거하기 위한 어떠한 방법을 사용하였는지 쓰시오.

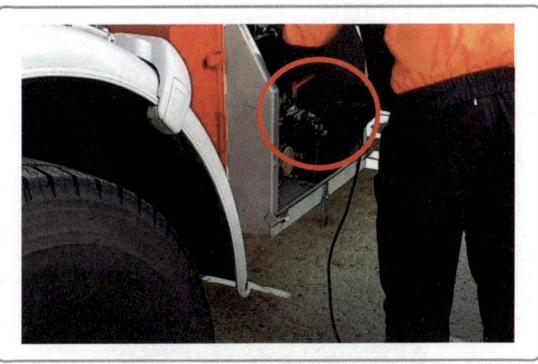

정답 | 대상물을 접지하였음

13

다음 가스보일러의 급배기 방식을 각각 쓰시오.

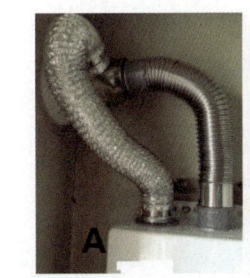 

정답 |
- A : FF방식(밀폐식, 강제급배기식)
- B : FE방식(반밀폐식, 강제배기식)

15

도시가스를 사용하는 온수보일러의 안전장치 종류 5가지를 쓰시오.

정답 |
- 소화안전장치
- 과열방지장치
- 동결방지장치
- 자동차단밸브
- 저가스압 차단장치
- 정전 및 재통전 시의 안전장치

16

다음은 LPG 자동차 충전호스이다. 표시된 부분의 명칭은 무엇인지 쓰시오.

정답 | 세이프티 커플링

17

용기에 각인된 기호에 대하여 설명하시오.

가. W :

나. TP :

다. FP :

라. V :

정답 |
가. 질량
나. 내압시험압력
다. 최고충전압력
라. 체적

18

다음 배관부속의 명칭을 쓰시오.

정답 | 크로스

19

방폭 전기기기 명판에 표시된 "ib"가 설명하는 구조는 어떤 구조인지 쓰시오.

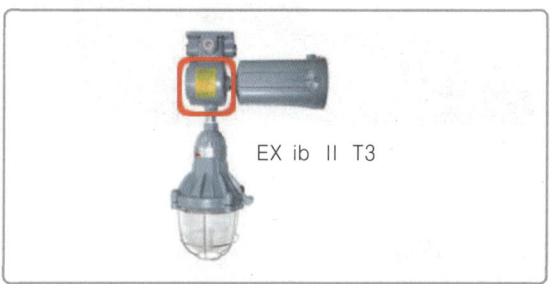

정답 | 본질안전 방폭구조

20

다음 탱크에 설치된 장치에 대한 명칭과 기능을 쓰시오.

정답 |
- 명칭 : 맨홀
- 기능 : 탱크 내부의 점검 및 배관의 수리 또는 청소 등을 위해 설치

21

다음 비파괴 검사법 3가지를 쓰시오.

정답 |
① 방사선 검사
② 초음파 검사
③ 자분탐상 검사

22

다음에서 보여주는 압축기의 명칭을 쓰시오.

정답 | 스크루 압축기

23

도시가스 배관을 시가지 외의 지역에 매설할 때 표지판의 규격 (가로×세로)은 얼마인지 쓰시오.

정답 | 200[mm]×150[mm] 이상

24

다음 배관에서 SDR 11일 때 최고사용압력을 쓰시오.

정답 | SDR 11 : 0.4[MPa]

25

LPG 탱크로리 정차 위치에 설치된 것으로 이 장치의 명칭을 쓰시오.

정답 | 냉각살수장치

26

다음 도시가스 사용시설에 설치된 압력조정기의 점검주기에 대하여 쓰시오.

정답 | 1년에 1회 이상

27

다음 가스계량기의 명칭을 쓰시오.

정답 |
① 막식 가스계량기
② 로터리식 가스계량기
③ 터빈식 가스계량기

28

다음은 LPG 저장탱크가 지하에 설치된 것이다. 명칭을 쓰시오.

정답 | 가스누설검지기

29

다음 가스 계측기의 명칭을 쓰고 작업자가 무슨 작업을 하는지 쓰시오.

정답 |
- 명칭 : 레이저 메탄 검지기(RMID)
- 작업 : 레이저 메탄 검지기를 사용하여 가스 누출검사 작업을 실행 중

30

다음 도시가스 입상배관에 설치된 밸브의 설치기준을 쓰시오.

정답 | 바닥면에서 1.6[m] 이상 2[m] 이내에 설치할 것

31

가연성 가스를 취급하는 시설에서 베릴륨 합금제 공구를 사용하는 이유를 설명하시오.

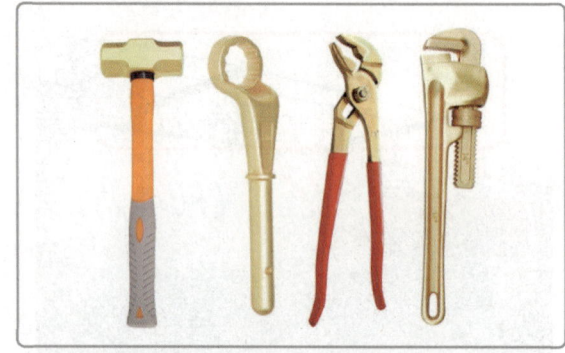

정답 | 인화성 증기가 존재하는 현장에서의 공구의 타격, 마찰 혹은 작업물과의 충돌에 의해 불꽃의 발생을 방지하기 위해

32

다음은 가스시설의 이상사태 발생 시 이·충전되는 가스를 정지시키는 장치이다. 이 장치의 명칭을 쓰시오.

정답 | 긴급차단장치

33

다음 전위측정용 터미널(T/B)은 외부전원법에서는 몇 [m]의 간격으로 설치해야 하는지 쓰시오.

정답 | 500[m]마다 설치

34

다음의 표지판은 (   )[m]마다 1개 이상으로 설치하여야 하는지 쓰시오.

정답 | 500[m]

35

다음 방출관의 설치 높이를 쓰시오.

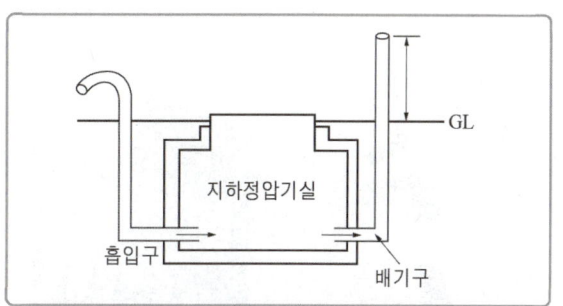

정답 | 지상에서 5[m] 이상(단, 전기시설물과 접촉 등의 사고가 우려되는 장소에서는 3[m] 이상)

36

다음 펌프의 종류를 쓰시오.

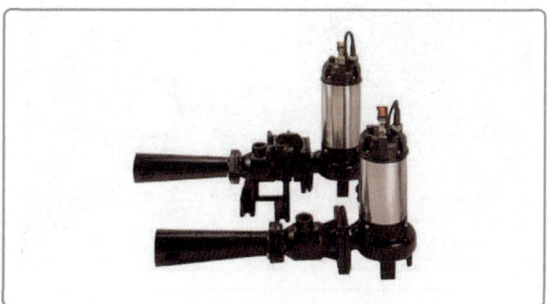

정답 | 제트펌프

37

다음 가스 크로마토그래피에 사용되는 캐리어 가스 종류 3가지를 쓰시오.

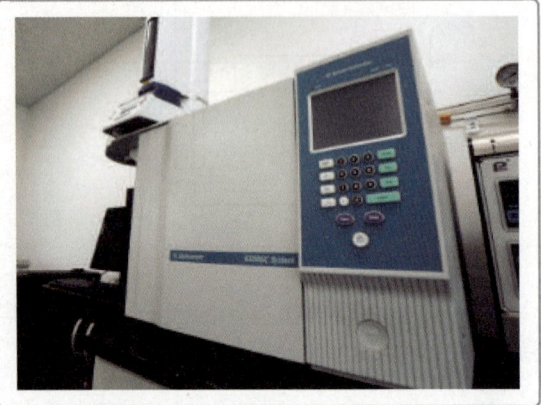

정답 | 수소, 헬륨, 질소, 아르곤

38

다음에서 지시한 안전장치의 명칭을 쓰시오.

정답 | 역류방지장치

39

충전용기 밸브에 각인된 "AG"의 의미를 설명하시오.

정답 | 아세틸렌가스를 충전하는 용기의 부속품

40

다음 방폭설비에서 문자가 나타내는 것을 쓰시오.

정답 | 유입 방폭구조

실기[동영상] 기출문제 2021 * 1

※ 2021년부터 가스기능사 실기 시험이 필답형(12문항)과 작업형(12문항) 각 50점 배점으로 변경되었습니다.

01

다음은 부탄가스 용기가 물속으로 들어가면서 지나가고 있다. 어떤 검사인지 쓰시오.

정답 | 누출검사

02

다음은 PE관 융착이음이다. 이음 명칭을 쓰시오.

정답 | 맞대기 융착이음

03

다음의 작업자가 어떤 검사를 하고 있는지 쓰시오.

정답 | 레이저 메탄검지기로 가스누출 검사를 하고 있다.

04

다음 저장시설의 환기구 1개소의 면적은 몇 [cm²] 이하로 해야 하는지 쓰시오.

정답 | 환기구 1개소의 면적 : 2,400[cm²] 이하

05

다음 정압기실 가스누출 검지기 설치기준을 쓰시오.

정답 | 바닥면 둘레 20[m]에 대해 1개 이상 설치

06

다음 전위측정용 터미널(T/B)은 외부전원법에서는 몇 [m]의 간격으로 설치해야 하는지 쓰시오.

정답 | 500[m]마다 설치

07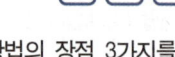

다음에서 보여지고 있는 비파괴검사 방법의 장점 3가지를 쓰시오.

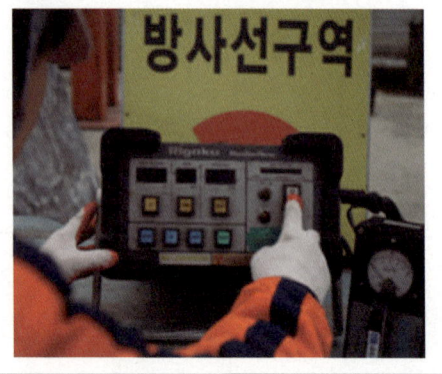

정답 |
- 거의 모든 재질에 적용이 가능하다.
- 검사결과는 RT필름으로 영구보존이 가능하다.
- 결함의 크기 및 종류의 검출이 용이하다.

08

다음 도시가스 가스계량기는 화기에서 얼마 이상 떨어져 있어야 하는지 쓰시오.

정답 | 2[m]

09

LPG 충전시설에서 다음과 같은 연료주입구의 형식을 쓰시오.

정답 | 원터치형

10

다음 A, B, C, D 용기는 모두 용량 47[L], 10년이 경과된 가스용기이다. B, D 용기의 재검사주기를 쓰시오.

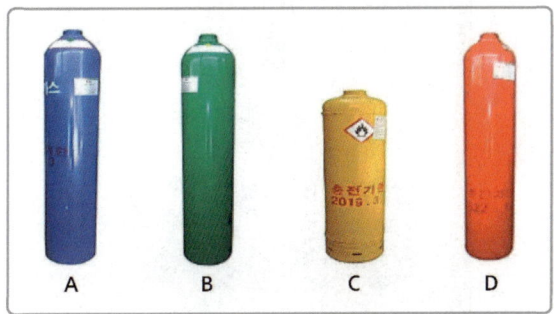

정답 | 5년

용기의 종류		신규검사 후 경과연수		
		15년 미만	15년 이상 20년 미만	20년 이상
		재검사 주기		
용접용기 (액화석유 가스용 용접용기는 제외)	500[L] 이상	5년마다	2년마다	1년마다
	500[L] 미만	3년마다	2년마다	1년마다
액화석유 가스용 용접용기	500[L] 이상	5년마다	2년마다	1년마다
	500[L] 미만	5년마다		2년마다
이음매 없는 용기 또는 복합재료용기	500[L] 이상	5년마다		
	500[L] 미만	신규검사 후 경과 연수가 10년 이하인 것은 5년마다, 10년을 초과한 것은 3년마다		
액화석유가스용 복합재료 용기		5년마다(설계조건에 반영되고, 산업통상자원부장관으로부터 안전한 것으로 인정을 받은 경우에는 10년마다)		
용기 부속품	용기에 부착되지 아니한 것	용기에 부착되기 전 (검사 후 2년이 지난 것만 해당)		
	용기에 부착된 것	검사 후 2년이 지나 용기 부속품을 부착한 해당 용기의 재검사를 받을 때마다		

11

전기방폭구조의 종류를 4가지 이상 쓰시오.

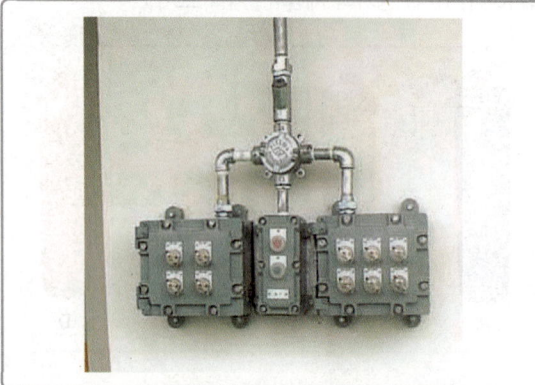

정답 | 내압 방폭구조, 압력 방폭구조, 유입 방폭구조, 안전증 방폭구조

12

다음 정압기실의 A, B, C 중 B장치의 명칭과 기능을 쓰시오.

정답 |
- 명칭 : 긴급차단장치
- 기능 : 2차측 공급압력이 설정압력 이상으로 공급 시 공급을 차단하는 역할

A : 이상압력 통보장치, C : 자기압력 기록계

실기[동영상] 기출문제 2021 * 2

01

다음 연소기는 연소에 필요한 공기를 1차로 가스와 혼입하고 부족한 공기는 2차 공기로 완전 연소하는 방식이다. 이 연소 방식을 쓰시오.

정답 | 분젠식

- 적화식 : 연소에 필요한 공기의 전부를 불꽃 주변에서 확산에 의해(2차 공기) 취한다.
- 분젠식 : 혼합관 내에서 가스와 공기가 혼합되어 염공을 통해 분출하여 연소한다.
- 세미분젠식 : 적화식과 분젠식의 중간으로 1차 공기율이 낮으므로 내염과 외염의 구분이 확실하지 않은 불꽃을 만든다.
- 전1차 공기식 : 연소에 필요한 공기 전부를 1차 공기로서 흡입하여 이를 혼합관 내에서 혼합 연소시키는 방식이다.

02

다음 저장탱크의 침하상태 측정주기를 쓰시오.

정답 | 1년 1회 이상

03

다음 정압기의 기능 3가지를 쓰시오.

정답 | 감압기능, 정압기능, 폐쇄기능

04

다음은 연료용 가스를 사용하는 시설의 모습으로 지시하는 부분의 명칭을 쓰시오.

정답 | ① 제어부 ② 차단부 ③ 검지부

- 제어부 : 차단부에 자동차단 신호를 보내는 기능, 차단부를 원격 개폐할 수 있는 기능 및 경보기능
- 차단부 : 제어부로부터 보내진 신호에 따라 가스의 유로를 개폐하는 기능
- 검지부 : 누출된 가스를 검지하여 제어부로 신호를 보내는 기능

05

다음 가스계량기와 단열조치를 하지 않은 굴뚝과의 이격거리를 쓰시오.

정답 | 30[cm]

06

다음 용기의 재질은 무엇인지 쓰시오.

정답 | 탄소강

- Seamless용기 : 이음부분이 없는 용기로, 산소, 질소, 수소, 천연가스, 아르곤, 헬륨 등 고압 압축 가스나 상온에서 높은 증기압을 갖는 탄산가스나 에틸렌 등을 충전할 때 사용하며 용기의 재료는 염소 같은 저압을 충전할 때는 주로 탄소강을 사용하고 산소나 수소 등 고압용에는 망간강 또는 크롬강을 사용한다. 초저온 용기의 재료로는 18-8스테인레스강, AL합금 등이 사용된다.
- 용접용기 : 3[mm] 정도의 강판을 사용한 용접에 의해 제작된 것으로 상온에서 낮은 증기압을 갖는 LPG, 암모니아, 아세틸렌 등의 가스를 충전할 때 사용. 재료는 주로 탄소강을 사용하지만 암모니아는 고온, 고압하에서 탈탄작용과 질화작용을 동시에 일으키므로 18-8스테인레스강을 사용한다.

07

다음에 보이는 볼트, 너트, 와셔 등의 용도를 쓰시오.

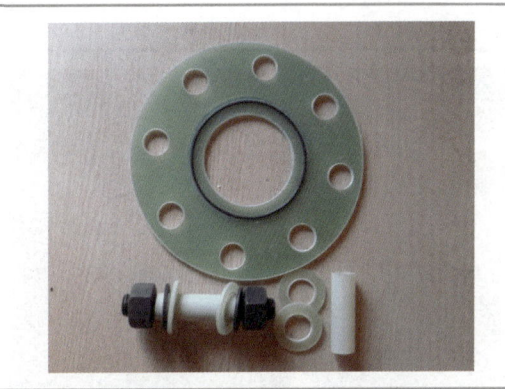

정답 | 서로 다른 재질 사용 시 전위차에 의한 부식방지

08

LPG를 이입·충전할 때 압축기를 사용할 경우 장점 2가지를 쓰시오.

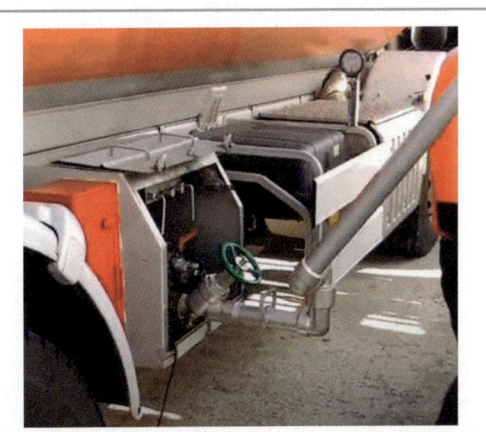

정답 |
- 펌프에 비하여 이송시간이 짧다.
- 잔가스 회수가 가능하다.
- 베이퍼 록 현상이 없다.

09

PE배관의 SDR 값이 17일 때 최고사용압력[MPa]은 얼마인지 쓰시오.

정답 | 0.25[MPa] 이하

SDR	압력
11 이하	0.4[MPa]
17 이하	0.25[MPa]
21 이하	0.2[MPa]

[비고]
SDR(standard dimension ration) = $\dfrac{D(외경)}{t(최소두께)}$

10

다음은 정전기를 제거하기 위하여 설치한 시설물이다. 정전기를 제거하기 위하여 어떠한 방법을 사용하였는지 쓰시오.

정답 | 대상물을 접지하였다.

11

다음 LNG 저장탱크에 사용되는 단열재의 구비조건 3가지를 쓰시오.

정답 |
- 열전도율이 적을 것
- 흡수성이 적을 것
- 사용온도에 대해 변질되지 않을 것

12

아세틸렌 충전용기에 각인된 사항을 각각 설명하시오.

가. TP :
나. FP :
다. TW :
라. V :

정답 |
가. 내압시험압력
나. 최고충전압력
다. 용기의 질량에 다공물질 및 용제, 밸브의 질량을 합한 질량
라. 내용적

실기[동영상] 기출문제   2021 * 3

01

다음 도시가스 가스계량기와 전기접속기와의 이격거리를 쓰시오.

정답 | 30[cm]

- 가스계량기와 전기계량기 및 전기개폐기와의 거리는 60[cm] 이상
- 가스계량기와 굴뚝(단열 조치를 하지 않은 경우)·전기점멸기 및 전기접속기와의 거리는 30[cm] 이상
- 가스계량기와 절연조치를 하지 아니한 전선과의 거리는 15[cm] 이상의 거리를 유지할 것

02

다음 장치의 명칭을 쓰시오.

정답 | 터빈식 가스계량기

가스가 통과하면 관축의 중심에 있는 터빈을 돌리고 이 회전수를 계산하여 사용량을 지시하는 지시계에 기계적으로 전달하여 부피를 환산하여 표시하는 계량기이다. 대유량 측정용으로 사용한다.

03

다음 사진을 보고 물음에 답하시오.

가. 장치의 명칭을 쓰시오.

나. 장점 2가지를 쓰시오.

> **정답 |**
> 가. 압축기
> 나. • 펌프에 비하여 이송시간이 짧다.
> • 잔가스 회수가 가능하다.
> • 베이퍼 록 현상이 없다.

> • LPG 이입, 충전 방법
> - 차압에 의한 방법
> - 액펌프에 의한 방법
> - 압축기에 의한 방법
> • 압축기 이용 가스 이송방식의 특징
> - 펌프에 비해 충전시간이 짧다.
> - 베이퍼 록 현상이 발생하지 않는다.
> - 탱크 내 잔가스를 회수할 수 있다.
> - 부탄의 경우 저온에서 재액화의 우려가 있다.
> - 압축기 오일이 탱크에 들어가 드레인의 원인이 된다.
> • 베이퍼 록 현상 : 제동 장치액의 과열로 그 액의 일부가 증발하여 연료 공급 장치 안에서 거품이 생겨 제동력의 전달이 방해를 받는 현상

04

다음 아세틸렌 용기 안에 채워 넣는 다공물질 4가지를 쓰시오.

> **정답 |** 규조토, 목탄, 산화철, 석회, 석면, 탄산마그네슘, 다공성 플라스틱

> **다공물질**
> 스폰지나 숯과 같이 고체 내부에 많은 빈 공간을 가진 물질

05

다음 도시가스 배관과 지지대, U볼트 등의 고정장치 사이에 고무판, 플라스틱 등을 삽입하는 이유를 쓰시오.

정답 | 배관과 고정장치 사이에 절연조치를 위한 것

지지대, U볼트 등의 고정장치와 배관 사이에는 고무판, 플라스틱 등 절연물질을 삽입한다.

06

다음 유체의 흐름을 확대 또는 축소시키는 장치의 명칭을 쓰시오.

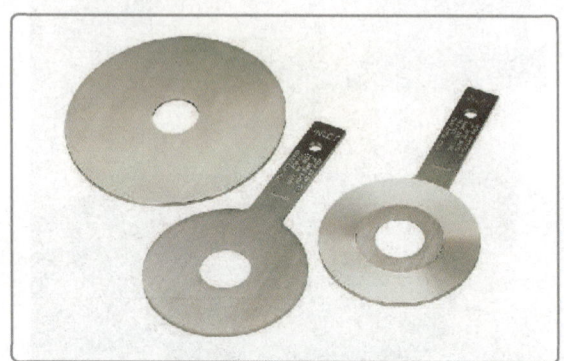

정답 | 오리피스

오리피스는 가운데에 둥근 구멍이 뚫린 칸막이 판자로 유량을 측정하기 위해 유체가 지나가는 관의 내부에 설치한다.

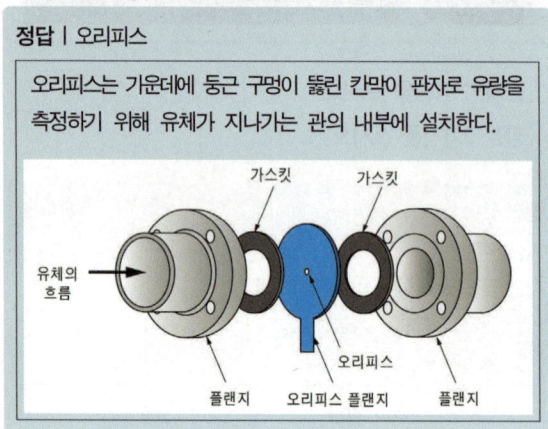

07

다음 가스 크로마토그래피에 사용되는 캐리어 가스 종류 3가지를 쓰시오.

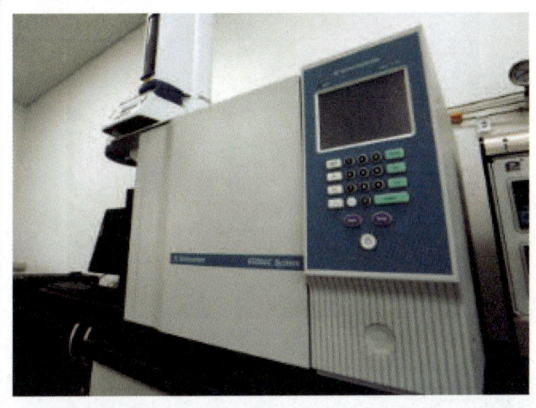

정답 | 수소, 헬륨, 질소, 아르곤

> 두 가지 이상의 성분으로 된 물질을 단일성분으로 분리시키는 기법이다. 분리하고자 하는 물질의 각 성분은 이동상(기체, 초임계유체 또는 액체) 및 고정상(분리관에 충전 또는 코팅된 물질, 고체 또는 액체)과의 물리/화학적 상호작용의 차이에 의해 고정상과 이동상에 서로 다르게 분배되어 분리가 이루어진다. 일반적으로 사용하는 운반기체는 수분 또는 불순물이 없는 고순도의 헬륨, 수소, 질소, 아르곤 등의 비활성 기체이며, 검출기의 특성에 따라 선택된다.

08

다음 저장탱크에 부착된 밸브의 명칭을 쓰시오.

정답 | 충전용 주관밸브

09

다음 정압기실 경계책 설치기준을 쓰시오.

정답 | 정압기실 주위에는 높이 1.5[m] 이상의 철책 또는 철망 등의 경계책을 설치하여 일반인의 출입이 통제되도록 할 것

정압기실에는 다음 기준에 적합한 경계책을 설치하여야 한다.
① 정압기실 주위에는 높이 1.5[m] 이상의 철책 또는 철망 등의 경계책을 설치하여 일반인의 출입이 통제되도록 할 것
② ①의 규정에 불구하고 정압기실이 다음 각 호의 경우로서 경계표지를 설치한 경우에는 경계책을 설치한 것으로 본다.
- 철근콘크리트 및 콘크리트블록재로 지상에 설치된 정압기실
- 도로의 지하 또는 도로와 인접하게 설치되어 사람과 차량의 통행에 영향을 주는 장소로서, 경계책 설치가 부득이한 정압기실
- 정압기가 건축물 안에 설치되어 있어 경계책을 설치할 수 있는 공간이 없는 정압기실
- 상부 덮개에 잠금장치를 한 매몰형 정압기
- 일반도시가스사업자를 관할하는 시장·군수·구청장이 경계책 설치가 불가능하다고 인정하는 다음 경우에 해당하는 정압기실
  - 공원지역, 녹지지역 등에 설치된 경우
  - 그 밖에 부득이한 경우

10

다음 3톤 미만의 소형저장탱크 가스 충전 시 규정용량은 몇 [%]인지 쓰시오.

정답 | 85[%]

저장탱크에 가스를 충전하려면 가스의 용량이 상용 온도에서 저장탱크 내용적의 90[%](소형저장탱크의 경우는 85[%])를 넘지 않도록 충전할 것

11

다음 장치의 명칭과 기능을 쓰시오.

정답 |
- 명칭 : 긴급차단장치
- 기능 : 누설, 화재 등의 이상사태가 발생하였을 때 그 피해확대를 방지하기 위하여 가스의 공급을 긴급 정지시킨다.

12

다음 장치의 명칭을 쓰시오.

정답 | 피그

피그란 길고 좁은 관속에서 배관을 청소, 검사, 보수하는 장비로서 일반적으로 배관 내부에 삽입되어 내부 유체에 의해 움직여지는 유지·보수 장비를 의미한다.

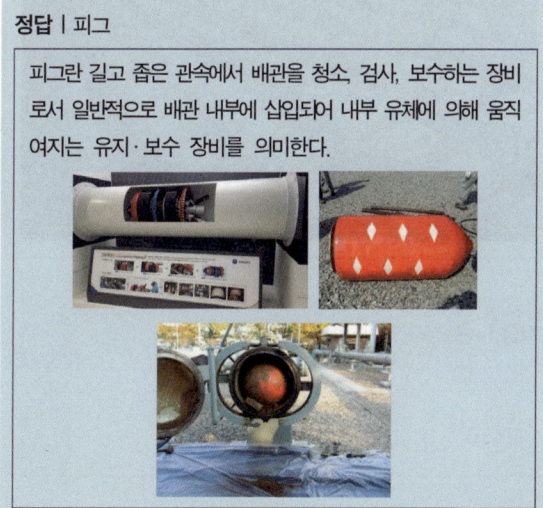

실기[동영상] 기출문제 2021 * 4

01

다음 장치의 용도를 쓰시오.

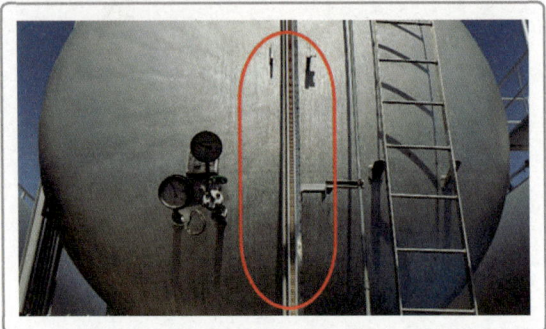

정답 | 저장탱크 내의 액면을 지시하여 잔량상태확인 및 과충전 방지

02

다음은 부탄가스 용기가 물속으로 들어가면서 지나가고 있다. 어떤 검사인지 쓰시오.

정답 | 누출검사

03

LPG충전시설에서 다음과 같은 충전호스에 연결된 주입기 형식을 쓰시오.

정답 | 원터치형

04

다음과 같은 고압가스 용기에 충전하는 가스 명칭을 쓰시오.

정답 | 액화염소

05

다음 용기에 관한 물음에 답하시오.

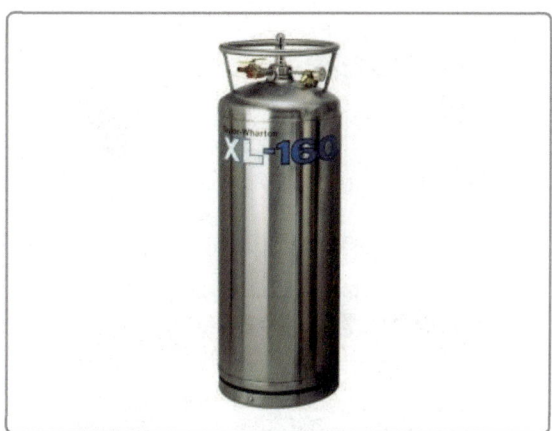

가. 용기의 명칭은?
나. 용기의 정의는?

정답 |
가. 초저온용기
나. 섭씨 영하 50도 이하의 액화가스를 충전하기 위한 용기로서 단열재로 피복하거나 냉동설비로 냉각하는 등의 방법으로 용기 내의 가스 온도가 상용의 온도를 초과하지 아니하도록 한 것

06

다음 기구의 명칭을 쓰시오.

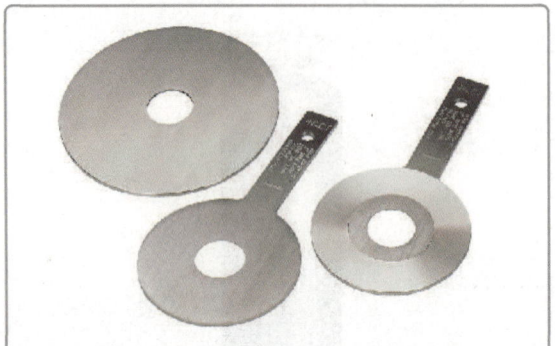

정답 | 오리피스 플레이트

08

다음 가스설비에서 A, B의 용도를 쓰시오.

정답 |
- A(가스절체기) : 한쪽에 가스가 소진되면 자동적으로 다른 쪽의 라인으로 전환되어 가스를 공급하는 장치
- B(조정기) : 고압가스용기 또는 배관 등을 통하여 고압가스를 사용목적에 맞추어 사용하고자 하는 압력으로 감압하여 공급

07

다음 충전용기 밸브에 각인된 "LG"의 의미를 설명하시오.

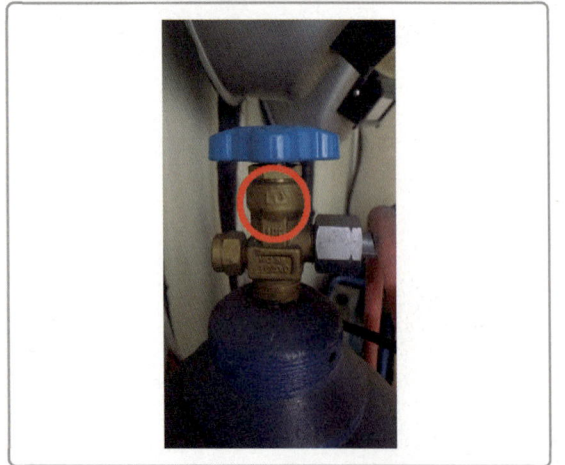

정답 | LPG를 제외한 액화가스를 충전하는 용기 부속품

09

다음 가스계량기 중 ③의 형식상 명칭을 쓰시오.

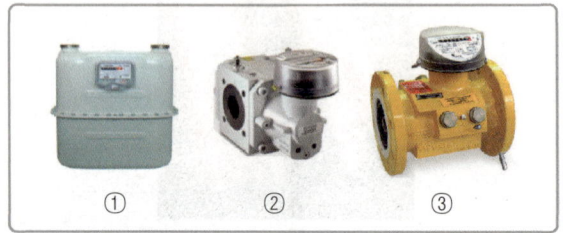

정답 | 터빈식

10

다음 작업자가 작업하고 있는 장치의 명칭을 쓰시오.

정답 | 긴급차단장치

11

다음 PE 융착 이음에서 보이는 부속품의 이름을 쓰시오.

정답 | 새들이음관

12

도시가스 지하 정압기실 흡입구 및 배기구의 관경은 얼마 이상으로 해야 하는지 쓰시오.

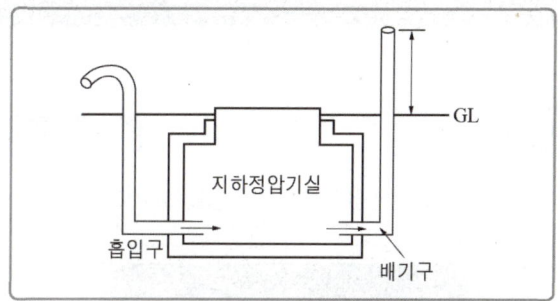

정답 | 100[mm]

실기[동영상] 기출문제 2022 * 1

01

다음은 PE관 융착이음이다. 이음 명칭을 쓰시오.

정답 | 맞대기 융착이음

02

다음 비파괴검사법의 영문 약호를 쓰시오.

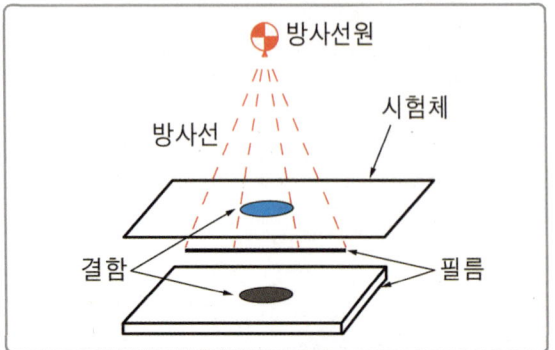

정답 | R.T(Radiographic Testing, 방사선투과시험)

03

다음 도시가스 사용시설에 설치된 가스계량기가 격납상자 내에 설치되었을 때 설치높이는 얼마인지 쓰시오.

정답 | 바닥으로부터 2[m] 이내

04

다음 도시가스 입상관 중 "ㄷ"자 형으로 되어 있는 것의 명칭과 기능을 쓰시오.

정답 |
- 명칭 : 신축흡수장치
- 기능 : 온도변화에 의한 신축을 흡수

05

가스조정기 중 2단 감압식 조정기의 장점 3가지를 쓰시오.

정답 |
- 입상배관에 의한 압력손실을 보정할 수 있다.
- 가스 배관이 길어도 공급압력이 안정된다.
- 연소기구에 알맞은 압력으로 공급할 수 있다.
- 배관의 관경을 비교적 작게 할 수 있다.

06

다음 장치의 명칭과 기능을 쓰시오.

정답 |
- 명칭 : 긴급차단장치
- 기능 : 누설, 화재 등의 이상사태가 발생하였을 때 그 피해확대를 방지하기 위하여 가스의 공급을 긴급 정지시킨다.

07

액화석유가스 용기보관실 지붕 재료의 구비조건 2가지를 쓰시오.

정답 | 가벼울 것, 불연성 재료를 사용할 것

08

다음 LPG 사용시설에 설치된 가스검지기는 바닥면에서 몇 [cm] 이내에 설치하는지 쓰시오.

정답 | 바닥면에서 30[cm] 이내

09

다음은 도시가스 정압기실에 설치된 기기이다. 이 기기의 명칭과 기능을 쓰시오.

정답 |
- 명칭 : 이상압력 통보설비
- 기능 : 정압기 출구 측의 압력이 설정압력보다 상승하거나 낮아지는 경우에 이상 유무를 상황실에서 알 수 있도록 경보음 등으로 알려주는 설비

10

다음 방폭등 명판에 기재되어 있는 내용 중 "T4"가 의미하는 것을 쓰시오.

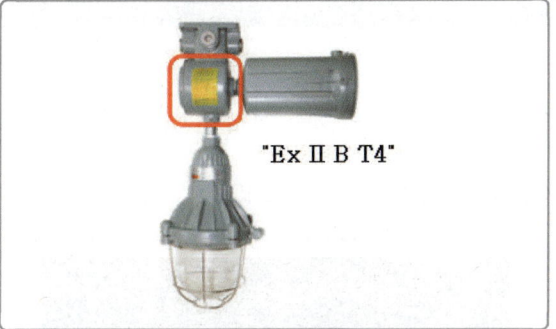

정답 | 방폭전기기기의 온도등급을 나타내는 것으로 가연성 가스의 발화도 범위가 135[℃] 초과 200[℃] 이하이다.

* T4(방폭형 전기기기의 최고표면 허용온도)

방폭기기의 표시(예 : EX d ⅡB T6 (IP65))	
방진, 방수등급	IP65
온도등급	T6
가스등급	B
기기분류	Ⅱ
방폭구조	d
방폭기기	EX

가스 점화온도와 전기기기 온도등급 관계

위험지역 구분에 의하여 요구되는 온도등급	가스점화 온도[℃]
T1	> 450
T2	> 300
T3	> 200
T4	> 135
T5	> 100
T6	> 85

11

배관의 매설심도를 확보할 수 없는 경우 및 타시설물과 이격거리를 유지하지 못하는 경우 배관을 보호하기 위해 사용하는 보호판은 배관의 정상부에서 몇 [cm] 이상 높이에 설치하여야 하는지 쓰시오.

정답 | 배관 정상부에서 30[cm] 이상

12

가스보일러와 연통의 접합방법을 쓰시오.

정답 | 나사식, 플랜지식, 리브식

실기[동영상] 기출문제 2022 * 2

01

다음 PE배관의 SDR값이 17일 때 최고사용압력[MPa]은 얼마인지 쓰시오.

정답 | 0.25[MPa] 이하

압력에 따른 관의 두께

SDR	압력
11 이하	0.4[MPa]
17 이하	0.25[MPa]
21 이하	0.2[MPa]

[비고]

$$SDR(standard\ dimension\ ration) = \frac{D(외경)}{t(최소두께)}$$

02

다음 배관 이음법의 명칭을 쓰시오.

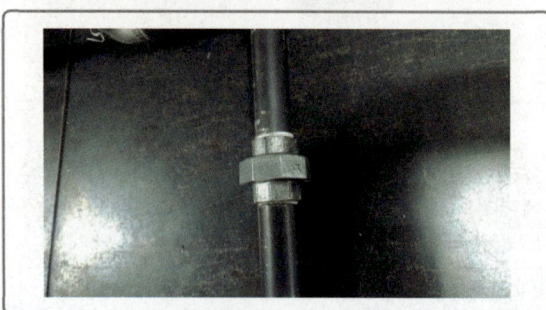

정답 | 나사이음

03

다음 도시가스 가스계량기와 전기계량기와의 이격거리를 쓰시오.

정답 | 60[cm] 이상

가스계량기와의 이격거리
- 전기계량기 및 전기개폐기 : 60[cm] 이상
- 굴뚝(단열조치를 하지 않은 경우에 한하여)·전기점멸기 및 전기접속기 : 30[cm] 이상
- 절연조치를 하지 않은 전선 : 15[cm] 이상

04

LPG 이입·충전시설에 설치된 것으로 다음 장치의 명칭과 설치목적을 쓰시오.

정답 |
- 명칭 : 접속금구
- 설치목적 : 정전기를 제거하고 폭발을 방지하기 위해서

05

다음 LNG 기화기에 사용되는 열매체를 쓰시오.

정답 | 해수

해수식 기화기는 고압펌프로부터 이송된 LNG가 얇은 판의 형태로 만들어진 열교환기 내부를 아래쪽에서 위쪽으로 통과하는 동안 상부에서 하부로 바닷물을 흘려서 해수의 현열을 LNG에 전달하여 기화시키는 설비이다.

06

다음은 연료용 가스를 사용하는 시설의 모습이다. 지시하는 부분의 명칭을 쓰시오.

정답 | ① 제어부 ② 차단부 ③ 검지부

- 제어부 : 차단부에 자동차단 신호를 보내는 기능, 차단부를 원격 개폐할 수 있는 기능 및 경보기능
- 차단부 : 제어부로부터 보내진 신호에 따라 가스의 유로를 개폐하는 기능
- 검지부 : 누출된 가스를 검지하여 제어부로 신호를 보내는 기능

07

다음 가스 크로마토그래피 장치의 구조 3가지를 쓰시오.

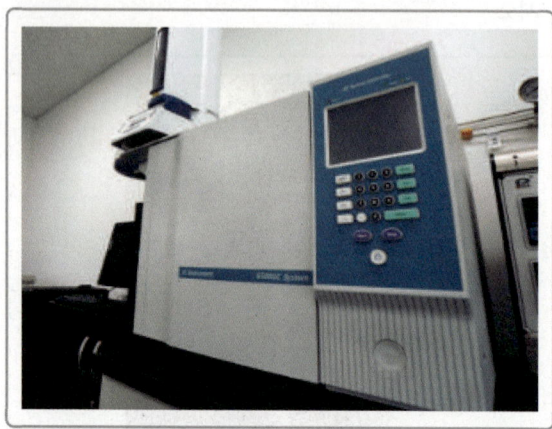

정답 | 분리관(Column), 검출기(Detector), 기록계

08

다음 보냉제에서 가장 중요한 성질을 쓰시오.

정답 | 열전도율이 낮을 것, 단열효과가 높을 것

09

다음 도시가스 매설배관에 전기방식을 시공하는 전기방식법의 명칭을 쓰시오.

정답 | 희생양극법

10

다음 용접법의 명칭을 쓰시오.

정답 | Tig 용접(불활성 가스 아크용접, Tungsten inert gas Welding)

11

다음 장치의 명칭과 용도를 쓰시오.

정답 |
- 명칭 : 피그
- 용도 : 배관 내부의 이물질을 제거하는 데 사용

12

표시된 부분은 LPG 자동차 충전호스이다. 과도한 힘을 가할 시 자동으로 분리되는 장치가 무엇인지 쓰시오.

정답 | 세이프티 커플링

실기[동영상] 기출문제 — 2022 * 3

01

가스사용시설에 설치된 압력조정기의 안전점검실시 주기를 쓰시오.

정답 | 1년에 1회 이상

02

다음 계측방식의 명칭을 쓰시오.

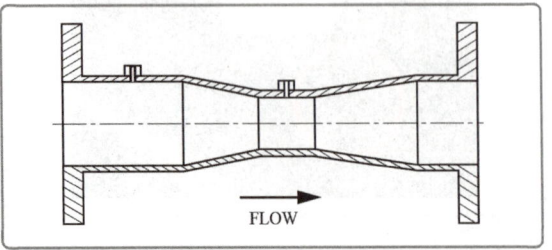

정답 | 벤투리 유량계

03

다음 공업용 청색용기에 충전하는 가스명칭을 쓰시오.

정답 | 이산화탄소

- 산소 : 녹색
- 수소 : 주황색
- 아세틸렌 : 황색
- 액화염소 : 갈색
- 질소 : 회색

04

다음 용기의 명칭을 쓰시오.

정답 | 싸이펀 용기

05

다음 물음에 답하시오.

가. 다음 환기구의 통풍면적은 바닥면적 100[m^2]일 때 몇 [cm^2] 이상인가?

나. 충전용기 보관장소는 몇 도 이하로 유지되어야 하는가?

정답 |
가. 30,000[cm^2](1[m^2] 당 300[cm^2] 비율)
나. 40[℃] 이하

06

다음 배관 부속품의 명칭을 쓰시오.

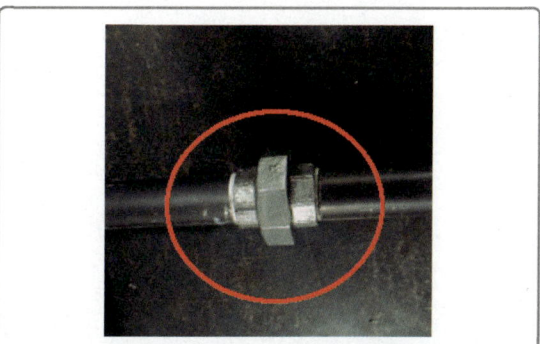

정답 | 유니온

07

다음 물음에 답하시오.

가. 다음 가스를 연소성으로 분류 시 어떤 성질의 가스로 분류 되는가?
나. 다음 가스의 비점은?

정답 |
가. 조연성(지연성)
나. -183[℃]

08

다음 전위측정용 터미널(T/B)은 배류법에서는 몇 [m]의 간격으로 설치해야 하는지 쓰시오.

정답 | 300[m]마다 설치

09

다음 녹색선을 설치한 목적을 쓰시오.

정답 | 정전기를 제거하기 위하여

10

다음 접지접속선은 단면적 얼마 이상의 것(단선은 제외한다)을 사용하여야 하는지 쓰시오.

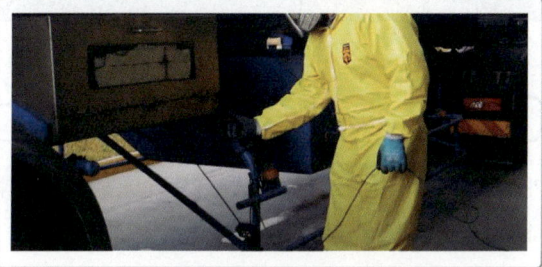

정답 | 단면적 5.5[mm²] 이상

11

방폭 전기기기 명판에 표시된 "ib"가 설명하는 구조는 어떤 구조인지 쓰시오.

정답 | 본질안전방폭구조

12

다음에서 진흙탕이나 슬러지가 함유되어 있는 액체 이송에 적합한 번호의 펌프를 쓰시오.

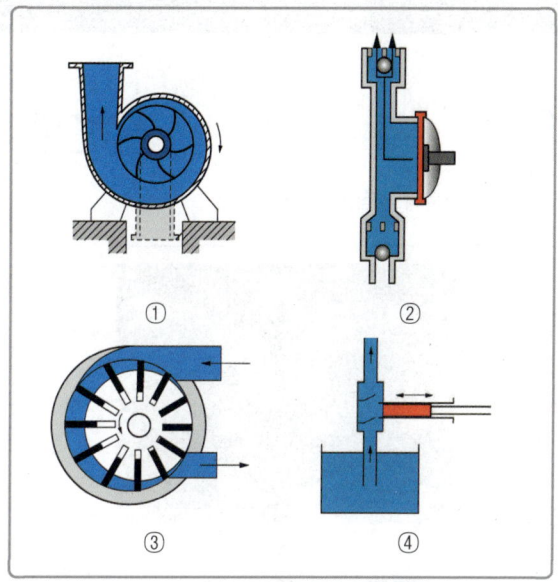

정답 | ②

① 볼류트 펌프
② 다이어프램 펌프
③ 베인 펌프
④ 플런저 펌프

실기[동영상] 기출문제 2022 * 4

01

다음 A, B장치의 명칭을 쓰시오.

A

B

정답 |
A : 긴급차단장치
B : 체크밸브

02

가스 배관이 "ㄷ"자 형으로 되어 있는 것은 신축흡수장치이다. 다음 신축흡수장치의 이음법 명칭을 쓰시오.

정답 | 루프형 신축이음

03

전기방폭구조의 종류를 4가지 이상 쓰시오.

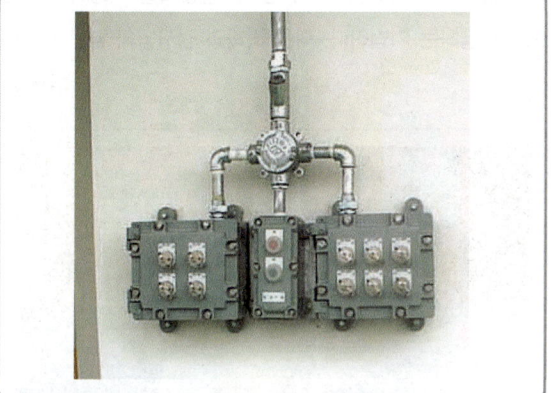

정답 |
- 내압 방폭구조
- 압력 방폭구조
- 유입 방폭구조
- 안전증 방폭구조

04

다음은 액화산소에 대한 질문이다. 물음에 답하시오.

가. 액화산소 공업적 제조방법을 쓰시오.
나. 액화산소의 비등점을 쓰시오.

정답 |
가. 공기액화분리
나. -183[℃]

05

다음 도시가스 사용시설에 사용되는 가스용품으로, 합계유량 초과 차단, 증가유량 초과 차단, 연소사용시간 차단, 가스누설 감지기 차단 성능을 갖는 기기의 명칭을 쓰시오.

정답 | 다기능가스안전계량기

06

소형저장탱크 기화장치를 설치 기준이다. 다음 물음에 답하시오.

가. 기화장치 출구 압력을 쓰시오.
나. 소형저장탱크는 그 외면으로부터 기화장치까지 3[m] 이상의 우회거리를 유지한다. 3[m] 이내로 유지할 수 있는 경우를 쓰시오.

정답 |
가. 1[MPa]
나. 기화장치를 방폭형으로 설치하는 경우

07

다음은 표면으로 열린 결함을 탐지하는 기법으로 침투액이 모세관현상에 의해 침투하게 한 후 현상액을 적용하여 육안으로 식별하는 기법이다. 다음 비파괴 검사법의 영문 약자를 쓰시오.

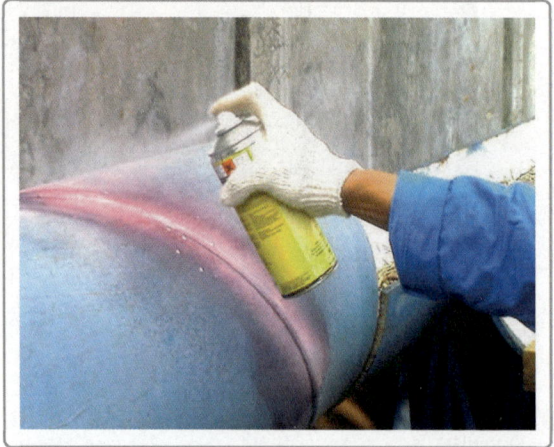

정답 | PT(Liquid Penetrants Testing, 액체침투탐상검사)

08

다음 용기의 재질은 무엇인지 쓰시오.

정답 | 망간강 또는 크롬강

- Seamless용기 : 이음부분이 없는 용기로, 산소, 질소, 수소, 천연가스, 아르곤, 헬륨 등 고압 압축 가스나 상온에서 높은 증기압을 갖는 탄산가스나 에틸렌 등을 충전할 때 사용하며 용기의 재료는 염소 같은 저압을 충전할 때는 주로 탄소강을 사용하고 산소나 수소 등 고압용에는 망간강 또는 크롬강을 사용한다. 초저온 용기의 재료로는 18-8스테인레스강, AL합금 등이 사용된다.
- 용접용기 : 3[mm] 정도의 강판을 사용한 용접에 의해 제작된 것으로 상온에서 낮은 증기압을 갖는 LPG, 암모니아, 아세틸렌 등의 가스를 충전할 때 사용. 재료는 주로 탄소강을 사용하지만 암모니아는 고온, 고압하에서 탈탄작용과 질화작용을 동시에 일으키므로 18-8스테인레스강을 사용한다.

09

다음 가스계량기와 단열조치를 하지 않은 굴뚝과의 이격거리를 쓰시오.

정답 | 30[cm]

가스계량기와의 이격거리
- 전기계량기 및 전기개폐기 : 60[cm] 이상
- 굴뚝(단열조치를 하지 않은 경우에 한하여) · 전기점멸기 및 전기접속기 : 30[cm] 이상
- 절연조치를 하지 않은 전선 : 15[cm] 이상

10

다음 가스운반 차량과 제1종 보호시설과의 주정차 이격거리를 쓰시오.

정답 | 15[m]

11

다음 도시가스 매설배관의 누설을 탐지하는 차량에 설치된 가스누출 검지기의 영문기호를 쓰시오.

정답 | FID(수소불꽃 이온화 검출기)

- 열전도도 검출기(TCD) : 유기 및 무기 화합물을 모두 검출
- 수소불꽃 이온화 검출기(FID) : 탄화수소에 대한 감도가 우수
- 전자포획형 검출기(ECD) : 유기 할로겐 화합물, 니트로 화합물 및 유기금속 화합물을 선택적으로 검출한다. 할로겐 등에 감도가 우수하고, 탄화수소에 대한 감도는 나쁨
- 염광광도형 검출기(FPD) : 인 또는 유황화합물을 선택적으로 검출
- 알칼리열 이온화 검출기(FTD) : 유기질소 화합물 및 유기염 화합물을 선택적으로 검출

12

다음 정압기실에서 표시된 장치의 명칭을 쓰시오.

정답 | 여과기(필터)

실기[동영상] 기출문제 2023 * 1

01

다음 방폭전기기기 명판에 표시되어 있는 "p"의 의미를 설명하시오.

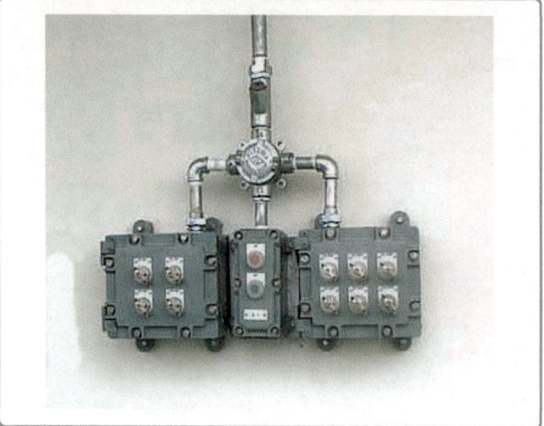

정답 | 압력 방폭구조

02

다음 배관용 부속의 명칭을 쓰시오.

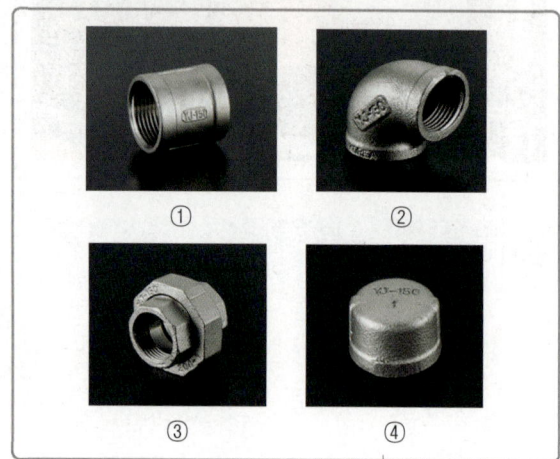

정답 | ① 소켓 ② 엘보 ③ 유니온 ④ 캡

03

다음 작업자가 어떤 작업을 하고 있는지 쓰시오.

정답 | 휴대용 레이저 메탄검지기(RMID)를 이용하여 가스누출을 점검하고 있다.

04

다음 가스계량기에 표시된 사항에 대해서 쓰시오.

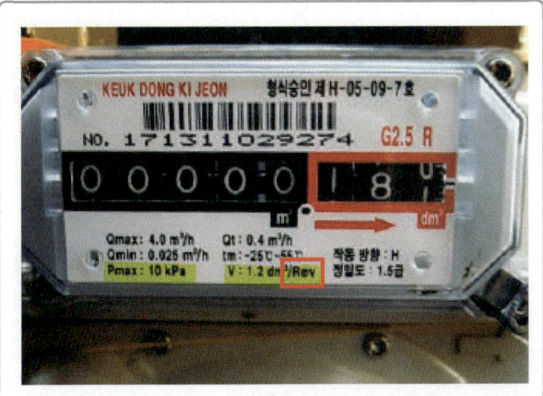

정답 | Rev : 가스계량기의 1주기 체적

05

다음 안전장치의 명칭을 쓰시오.

정답 | 스프링식 안전밸브

06

다음 맨홀 장치의 용도를 쓰시오.

정답 | 내부 점검 시에 개방하여 작업자가 들어가서 점검하는 용도

07

다음 물음에 답하시오.

가. 환기구의 통풍면적이 바닥면적 $100[m^2]$일 때 환기구의 크기 $[cm^2]$를 구하시오.
나. 환기구 1개소의 면적은 몇 $[cm^2]$ 이하로 해야 하는지 쓰시오.

정답 |
가. 바닥면적 $100[m^2]$일 때 환기구 크기는 $30,000[cm^2]$
나. 환기구 1개소의 면적 : $2,400[cm^2]$ 이하

> 통풍면적 : 바닥면적 $1[m^2]$당 $300[cm^2]$의 비율

08

다음 표시된 압축기의 명칭을 쓰시오.

정답 | 스크루 압축기

09

다음은 지하에 가스 배관을 매설 중이다. 다음 물음에 답하시오.

가. 바닥의 깔린 적색의 명칭은 무엇인가?
나. 설치 시 두께는 얼마 이상으로 하는가?
다. 바탕색이 적색이면 최고사용압력은 어떻게 되는가?

정답 |
가. 보호포
나. 두께 $0.2[mm]$ 이상
다. 중압 이상

> 저압인 관은 황색, 중압 이상인 관은 적색

10

폴리에틸렌관 중 맞대기 융착이음의 경우 적합성 판단 기준은 무엇인지 쓰시오.

정답 | 이음부의 연결오차와 비드 폭

11

공동주택에 저압 압력 조정기를 설치할 경우 설치기준을 쓰시오.

정답 |
공동주택 등에 공급되는 도시가스 압력이 저압으로서 전체 세대수가 250세대 미만인 경우
(도시가스사업법 시행규칙 [별표 6] 〈개정 2022.1.21.〉 참고)

- 공동주택 등에 공급되는 가스압력이 중압 이상으로서 전체 세대수가 150세대 미만인 경우
- 공동주택 등에 공급되는 가스압력이 저압으로서 전체 세대수가 250세대 미만인 경우

12

다음 장치의 명칭과 측정원리에 대하여 설명하시오.

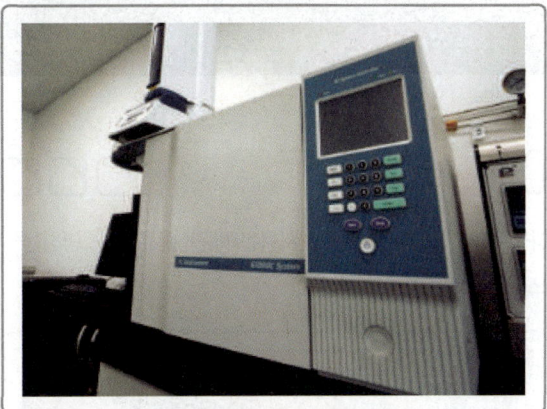

정답 |
- 명칭 : 가스크로마토그래피 분석기
- 측정원리 : 혼합성분의 시료가 분석관에 채워져 이동하면서 상호 물리 및 화학적 작용에 의하여 각각의 단일 성분으로 분리되는 원리를 가진 분석방법

실기[동영상] 기출문제 2023 * 2

01

다음 도시가스 매설배관에 사용된 배관 종류이다. 명칭을 쓰시오.

정답 |
① PE관(폴리에틸렌관)
② PLP관(폴리에틸렌 피복강관)

02

다음 물음에 답하시오.

가. A, B, C 공통적인 용기의 종류 명칭을 쓰시오.
나. A, B, C 용기 중 밸브를 왼나사 형태로 사용하는 것을 쓰시오.

정답 |
가. 무계목용기
나. A

03

LPG용 차량에 고정된 탱크가 정차하는 위치에 설치된 냉각 살수장치의 조작위치는 탱크외면으로부터 얼마인지 쓰시오.

정답 | 5[m] 이상

04

2.9톤 용량의 액화석유가스 저장 설비와 사업소경계 간 유지해야 하는 이격거리를 쓰시오.

정답 | 없음

① KGS FU432 소형저장탱크에 의한 액화석유가스 사용시설의 시설·기술·검사 기준
   1.3.2 "소형저장탱크"란 액화석유가스를 저장하기 위하여 지상 또는 지하에 고정 설치된 탱크로서 그 저장능력이 3톤 미만인 탱크를 말한다.
   2.1.3 사업소경계와의 거리(내용 없음)
② KGS FU433 저장탱크에 의한 액화석유가스 사용시설의 시설·기술·검사 기준
   1.3.2 "저장탱크"란 액화석유가스를 저장하기 위하여 지상 또는 지하에 고정 설치된 탱크로서 그 저장능력이 3톤 이상인 탱크를 말한다.
   2.1.3 사업소경계와의 거리 : 저장능력 10톤 이하 사업소 경계와의 거리 17[m]
※ 문제에서 용량이 2.9톤으로 주어져 해당 저장탱크는 "소형저장탱크"를 말한다.
   소형저장탱크와 사업소경계와의 거리는 KGS FU432에서 "내용 없음"으로 문제의 오류가 있는 것으로 판단된다.

05

다음 도시가스 배관과 연소기를 연결하는 부분에 저압호스가 설치될 때 호스의 길이는 얼마인지 쓰시오.

정답 | 3[m] 이내

06

다음은 표면으로 열린 결함을 탐지하는 기법으로 침투액이 모세관현상에 의해 침투하게 한 후 현상액을 적용하여 육안으로 식별하는 기법이다. 다음 비파괴 검사법의 영문 약자를 쓰시오.

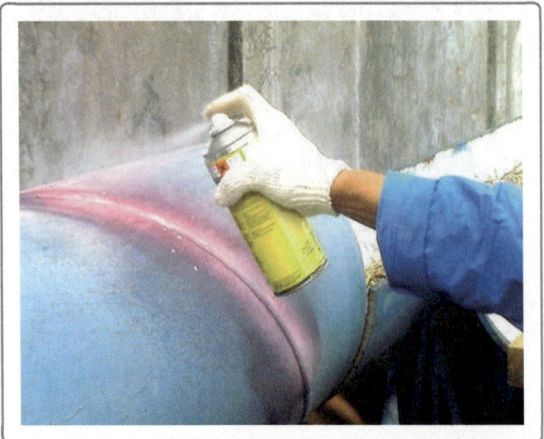

정답 | PT(Liquid Penetrants Testing, 액체침투탐상검사)

07

초저온 용기의 상부에 부착된 기기 중 지시하는 부분의 명칭을 쓰시오.

정답 | 액면계

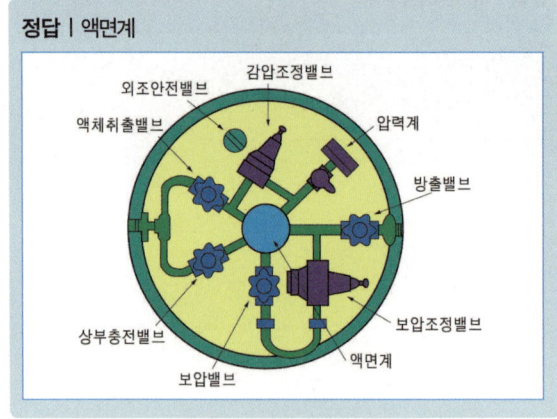

08

다음 정압기실 가스누출 검지기 설치기준을 쓰시오.

정답 | 바닥면 둘레 20[m]에 대해 1개 이상 설치

09

다음 저장시설의 환기구 1개소의 면적은 몇 [cm²] 이하로 해야 하는지 쓰시오.

정답 | 환기구 1개의 면적은 2,400[cm²] 이하로 한다.
외기에 면하여 설치된 환기구의 통풍가능 면적의 합계는 바닥면적 1[m²]마다 300[cm²]의 비율로 계산한 면적 이상으로 하고, 환기구 1개의 면적은 2,400[cm²] 이하로 한다.

10

아세틸렌 충전용기에 각인된 사항을 각각 설명하시오.

가. TW :

나. W :

다. V :

라. TP :

정답 |
가. 용기의 질량에 다공물질 및 용제, 밸브의 질량을 합한 질량[kg]
나. 밸브 및 부속품을 포함하지 아니한 용기의 질량[kg]
다. 내용적[L]
마. 내압시험압력[MPa]

11

다음 안전장치의 명칭을 쓰시오.

정답 | 역화방지장치

12

다음은 도시가스 정압기실에 설치된 기기이다. 이 기기의 명칭과 기능을 쓰시오.

정답 |
- 명칭 : 이상압력 통보설비
- 기능 : 정압기 출구 측의 압력이 설정압력보다 상승하거나 낮아지는 경우에 이상 유무를 상황실에서 알 수 있도록 경보음 등으로 알려주는 설비

실기[동영상] 기출문제 2023 * 3

01

다음 장치의 명칭을 쓰시오.

정답 | 분동식압력계(Dead Weight Pressure Guage Calibrator, 자유피스톤식 압력계)

02

배관의 매설심도를 확보할 수 없는 경우 및 타시설물과 이격거리를 유지하지 못하는 경우 배관을 보호하기 위해 사용하는 보호판은 배관의 정상부에서 몇 [cm] 이상 높이에 설치하여야 하는지 쓰시오.

정답 | 배관 정상부에서 30[cm] 이상

03

다음 화살표가 지시하는 것의 명칭을 쓰시오.

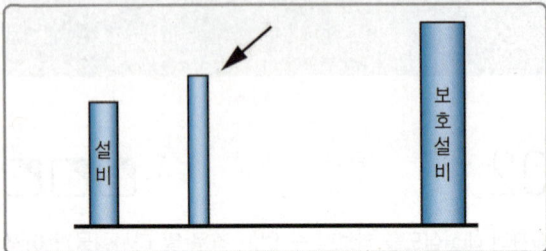

정답 | 방호벽

04

다음 도시가스 가스계량기와 전기계량기와의 이격거리를 쓰시오.

정답 | 60[cm] 이상

가스계량기와의 이격거리
- 전기계량기 및 전기개폐기 : 60[cm] 이상
- 굴뚝(단열조치를 하지 않은 경우에 한하여)·전기점멸기 및 전기접속기 : 30[cm] 이상
- 절연조치를 하지 않은 전선 : 15[cm] 이상

05

다음 정압기실의 A, B, C 중 B장치의 명칭과 기능을 쓰시오.

정답 |
- 명칭 : 긴급차단장치
- 기능 : 2차측 공급압력이 설정압력 이상으로 공급 시 공급을 차단하는 역할

A : 이상압력 통보장치, C : 자기압력 기록계

06

LNG 저장탱크의 배관에 설치하는 긴급차단장치의 조작장치 위치와 그 저장탱크 외면과의 이격거리 기준을 쓰시오.

정답 | 10[m]

KGS Code FP451
저장탱크 긴급차단장치 설치
액화가스 저장탱크 중 내용적 5,000[L] 이상의 것에 설치한 배관(송출 또는 이입하기 위한 저장탱크만을 말하며 저장탱크와 배관의 접속부를 표시한다)에는 그 저장탱크의 외면으로부터 10[m] 이상 떨어진 위치에서 조작할 수 있는 긴급차단장치를 설치한다.
(출제문제에서는 내용적 5,000[L]라는 조건이 없었음)

07

가스 배관이 "ㄷ"자 형으로 되어 있는 것은 신축흡수장치이다. 다음 신축흡수장치의 이음법 명칭을 쓰시오.

정답 | 루프형 신축이음

08

다음 물음에 답하시오.

가. 다음 가스를 연소성으로 분류 시 어떤 성질의 가스로 분류되는가?
나. 다음 가스의 비점은?

정답 |
가. 조연성(지연성)
나. -183[℃]

09

다음 P-E관 접합 방식을 쓰시오.

정답 | 새들융착

10

다음은 표면으로 열린 결함을 탐지하는 기법으로 침투액이 모세관현상에 의해 침투하게 한 후 현상액을 적용하여 육안으로 식별하는 기법이다. 다음 비파괴 검사법의 영문 약자를 쓰시오.

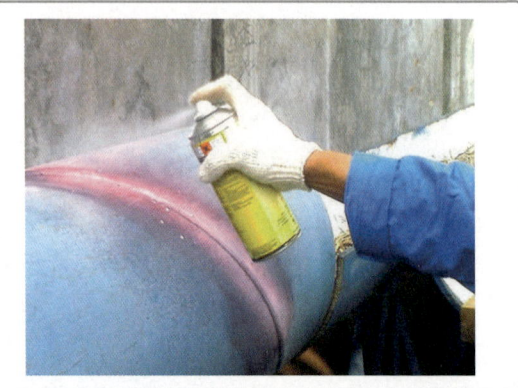

정답 | PT(Liquid Penetrants Testing, 액체침투탐상검사)

11

정압기 입구측 압력이 0.5[MPa] 미만이고 정압기 설계유량이 1,000[Nm³/h] 이상인 것의 안전밸브 방출관 크기는 얼마인지 쓰시오.

정답 | 50[A] 이상

정압기에 설치되는 안전밸브 분출부의 크기는 다음 기준으로 한다.
① 정압기 입구측 압력이 0.5[MPa] 이상인 것은 50[A] 이상으로 한다.
② 정압기 입구측 압력이 0.5[MPa] 미만인 것은 정압기의 설계유량에 따라 다음 기준에 따른 크기로 한다.
　㉠ 정압기 설계유량이 1,000[Nm³/h] 이상인 것은 50[A] 이상
　㉡ 정압기 설계유량이 1,000[Nm³/h] 미만인 것은 25[A] 이상

안전장치의 설정압력

구분		상용압력이 2.5[kPa]인 경우	그 밖의 경우
이상압력통보 설비	상한값	3.2[kPa] 이하	상용압력의 1.1배 이하
	하한값	1.2[kPa] 이상	상용압력의 0.7배 이상
주정압기에 설치하는 긴급차단장치		3.6[kPa] 이하	상용압력의 1.2배 이하
안전밸브		4.0[kPa] 이하	상용압력의 1.4배 이하
예비정압기에 설치하는 긴급차단장치		4.4[kPa] 이하	상용압력의 1.5배 이하

12

너트와 볼트 사이에 끼우는 하얀색 물체의 기능을 1가지만 쓰시오.

정답 | 서로 다른 재질 사용 시 전위차에 의한 부식방지

실기[동영상] 기출문제 2023 * 4

01

다음 환기구의 통풍면적은 바닥면적 1[m^2]당 몇 [cm^2]의 비율로 하여야 하며 환기구 1개소의 면적은 몇 [cm^2] 이하로 해야 하는지 쓰시오.

정답 |
- 통풍면적 : 바닥면적 1[m^2]당 300[cm^2]의 비율
- 환기구 1개소의 면적 : 2,400[cm^2] 이하

02

다음 녹색선을 설치한 목적을 쓰시오.

정답 | 정전기를 제거하기 위하여

03

다음은 표면으로 열린 결함을 탐지하는 기법으로 침투액이 모세관현상에 의해 침투하게 한 후 현상액을 적용하여 육안으로 식별하는 기법이다. 다음 비파괴 검사법의 영문 약자를 쓰시오.

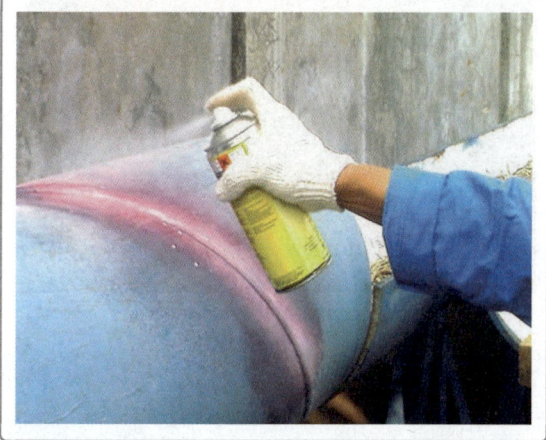

정답 | PT(Liquid Penetrants Testing, 액체침투탐상검사)

04

다음 설비의 명칭을 쓰시오.

정답 | 공기액화분리장치

05

다음 LNG 기화기에 사용되는 열매체를 쓰시오.

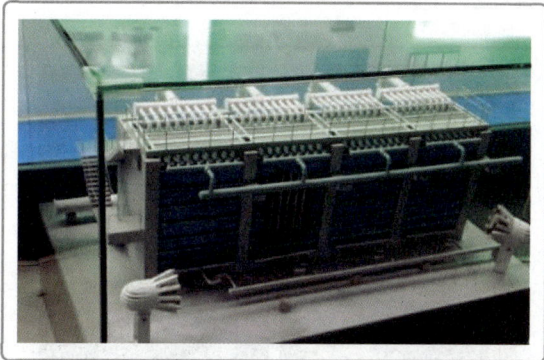

정답 | 해수

해수식 기화기는 고압펌프로부터 이송된 LNG가 얇은 판의 형태로 만들어진 열교환기 내부를 아래쪽에서 위쪽으로 통과하는 동안 상부에서 하부로 바닷물을 흘려서 해수의 현열을 LNG에 전달하여 기화시키는 설비이다.

06

PE관 융착 시 전기융착식(E/F, elctro fusion)이음을 보기 중에서 고르시오.

정답 | ①

①는 E/F 이음관을 사용하여 PE관 이음을 하였으며, ①을 제외한 나머지 ②, ③, ④는 이음부에 비드가 보이므로 융착 이음을 한 것임을 알 수 있다.

07

호칭지름 20[mm] 도시가스 배관을 설치하였을 때 배관 고정 장치는 몇 [m] 이내의 간격으로 설치하여야 하는지 쓰시오.

정답 | 2[m]

배관의 호칭지름	고정 간격
13[mm] 미만	1[m] 마다
13[mm] 이상 33[mm] 미만	2[m] 마다
33[mm] 이상	3[m] 마다

08

LPG를 이입·충전할 때 압축기를 사용할 경우 장점 2가지를 쓰시오.

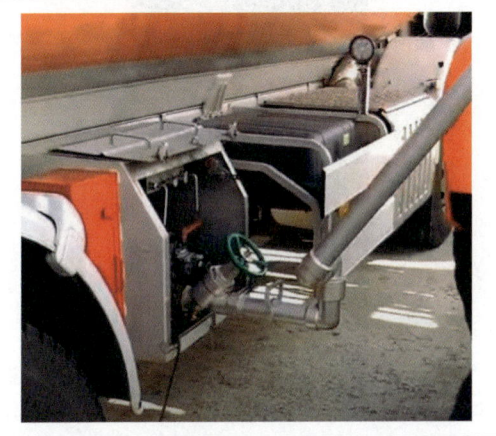

정답 |
- 펌프에 비하여 이송시간이 짧다.
- 잔가스 회수가 가능하다.
- 베이퍼 록 현상이 없다.

09

LPG 자동차용 충전기(Dispenser) 충전호스 설치에 대한 설명 중 ( ) 안에 알맞은 숫자 및 용어를 넣으시오.

가. 충전기의 충전호스 길이는 ( )[m] 이내로 한다.
나. 충전호스에 부착하는 가스주입기는 ( )으로 한다.

정답 |
가. 5
나. 원터치형

10

폭발위험이 있는 장소에 전기설비를 설치하고자 할 때 전기설비가 점화원이 되어 폭발사고가 발생하지 않도록 어떠한 구조로 하여야 하는지 쓰시오.

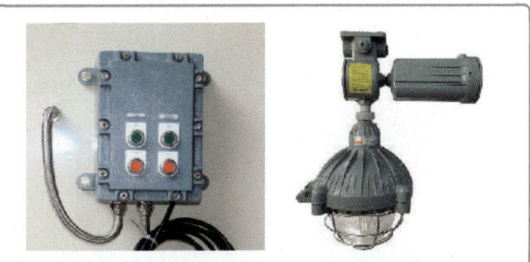

정답 | 방폭

11

다음 도시가스 가스계량기와 전기접속기와의 이격거리를 쓰시오.

정답 | 30[cm]

- 가스계량기와 전기계량기 및 전기개폐기와의 거리는 60[cm] 이상
- 가스계량기와 굴뚝(단열 조치를 하지 않은 경우)·전기점멸기 및 전기접속기와의 거리는 30[cm] 이상
- 가스계량기와 절연조치를 하지 아니한 전선과의 거리는 15[cm] 이상의 거리를 유지할 것

12

다음 충전용기 밸브에 각인된 "LG"의 의미를 설명하시오.

정답 | LPG를 제외한 액화가스를 충전하는 용기 부속품

- AG : 아세틸렌가스 충전용기 부속품
- PG : 압축가스 충전용기 부속품
- LPG : 액화석유가스 충전용기 부속품
- LG : 액화석유가스를 제외한 액화가스 충전용기 부속품
- LT : 초저온 용기 및 저온 용기 부속품

실기[동영상] 기출문제 2024 * 1

01

다음과 같은 고압가스 용기에 충전하는 가스 명칭을 쓰시오.

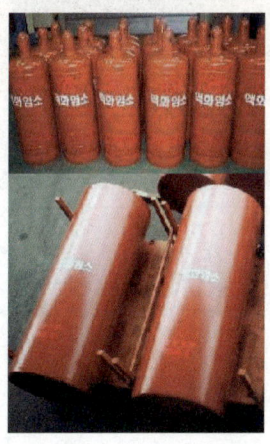

정답 | 액화염소

02

다음 용기의 재질은 무엇인지 쓰시오.

정답 | 탄소강

- Seamless용기 : 이음부분이 없는 용기로, 산소, 질소, 수소, 천연가스, 아르곤, 헬륨 등 고압 압축 가스나 상온에서 높은 증기압을 갖는 탄산가스나 에틸렌 등을 충전할 때 사용하며 용기의 재료는 염소 같은 저압을 충전할 때는 주로 탄소강을 사용하고 산소나 수소 등 고압용에는 망간강 또는 크롬강을 사용한다. 초저온 용기의 재료로는 18-8스테인레스강, AL합금 등이 사용된다.
- 용접용기 : 3[mm] 정도의 강판을 사용한 용접에 의해 제작된 것으로 상온에서 낮은 증기압을 갖는 LPG, 암모니아, 아세틸렌 등의 가스를 충전할 때 사용. 재료는 주로 탄소강을 사용하지만 암모니아는 고온, 고압하에서 탈탄작용과 질화작용을 동시에 일으키므로 18-8스테인레스강을 사용한다.

03

도시가스 정압기실 내부의 조명도는 얼마인지 쓰시오.

정답 | 150룩스 이상

지하에 설치하는 지역정압기 시설의 조작을 안전하고 확실하게 하기 위하여 필요한 조명도 150룩스를 확보할 것

04

다음 영상의 보일러의 배기방식 중 B 보일러의 형식명칭을 쓰시오.

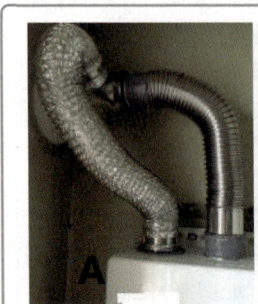

정답 | FE방식(반밀폐식, 강제배기식)

A : FF방식(밀폐식, 강제급배기식)

05

다음 충전용기 밸브에 각인된 "AG"의 의미를 설명하시오.

정답 | 아세틸렌가스를 충전하는 용기의 부속품

06

다음 용기 밸브에 적용하는 나사의 방향을 각각 쓰시오.

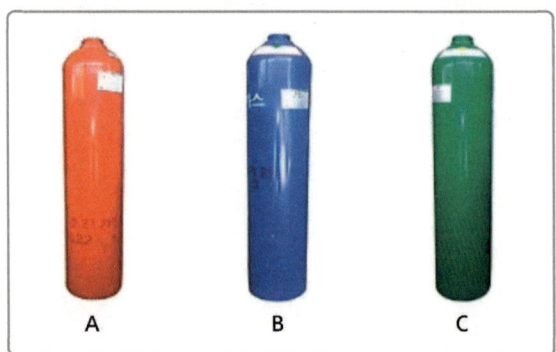

정답 |
- A : 왼나사
- B : 오른나사
- C : 오른나사

07

다음 가스계량기와 단열조치를 하지 않은 굴뚝과의 이격거리를 쓰시오.

정답 | 30[cm]

가스계량기와의 이격거리
- 전기계량기 및 전기개폐기 : 60[cm] 이상
- 굴뚝(단열조치를 하지 않은 경우에 한하여)·전기점멸기 및 전기접속기 : 30[cm] 이상
- 절연조치를 하지 않은 전선 : 15[cm] 이상

09

다음에서 보여주는 배관부속 중 A, D 부속품의 명칭을 쓰시오.

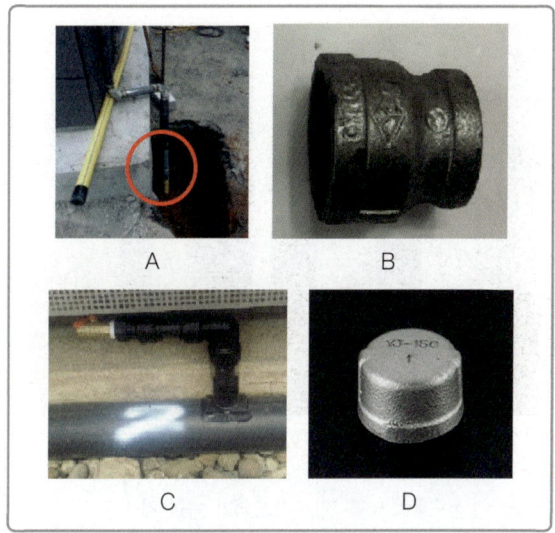

정답 |
- A : 이형질이음관(Transition Fitting [T/F])
- D : 캡(나사 캡)

08

방폭 전기기기 명판에 표시된 "ib"가 설명하는 구조는 어떤 구조인지 쓰시오.

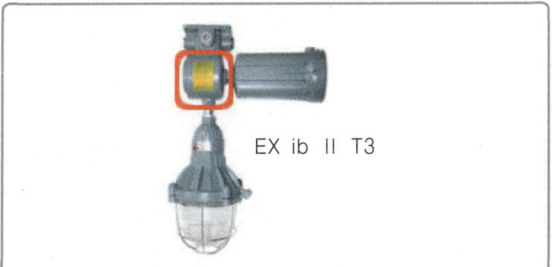

EX ib II T3

정답 | 본질안전 방폭구조

10

다음 보냉제에서 가장 중요한 성질을 쓰시오.

정답 | 열전도율이 낮을 것, 단열효과가 높을 것

11

공기액화 분리장치에서 공기 중의 이산화탄소를 제거하는 이유를 쓰시오.

정답 | CO_2는 저온장치 내에서 드라이아이스가 되어 밸브 및 배관을 폐쇄시키기 때문에 제거한다.

> 반응식
> $2NaOH + CO_2 \rightarrow Na_2CO_3 + H_2O$
> CO_2 흡수탑에서 가성소다(NaOH)를 이용하여 제거

12

고압가스 안전관리법에 따른 독성가스 정의에 맞도록 ( )를 채우시오.

"독성가스"란 공기 중에 일정량 이상 존재하는 경우 인체에 유해한 독성을 가진 가스로서 (①)(해당 가스를 성숙한 흰쥐 집단에게 대기 중에서 1시간 동안 계속하여 노출시킨 경우 14일 이내에 그 흰쥐의 2분의 1 이상이 죽게 되는 가스의 농도를 말한다)가 100만분의 (②) 이하인 것을 말한다.

정답 |
① 허용농도
② 5,000

실기[동영상] 기출문제 2024 * 2

01

다음 밸브에서 PG로 표시된 것의 의미를 쓰시오.

정답 | 압축가스 충전용기 부속품

- AG : 아세틸렌가스 충전용기 부속품
- PG : 압축가스 충전용기 부속품
- LPG : 액화석유가스 충전용기 부속품
- LG : 액화석유가스를 제외한 액화가스 충전용기 부속품
- LT : 초저온 용기 및 저온 용기 부속품

02

다음이 지시하는 것의 종류(재질)을 쓰시오.

정답 | PE관(폴리에틸렌관)

03

다음 펌프의 종류를 쓰시오.

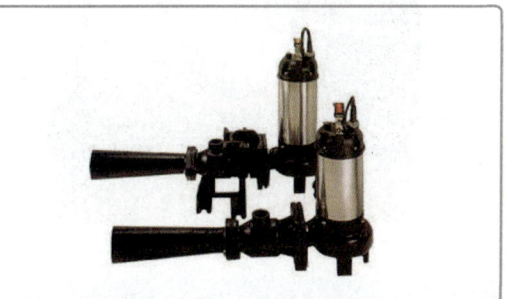

정답 | 제트펌프

04

다음의 전기방식 방법에서 사용되는 양극재(Anode)의 일반적인 재질을 쓰시오.

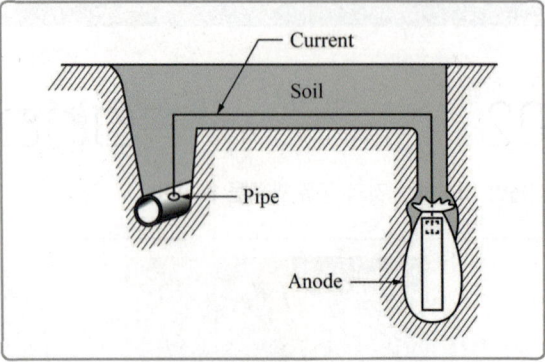

정답 | 마그네슘, 아연, 알루미늄

05

다음 그림에서 표시한 것은 도시가스 정압기실에 설치하는 것으로 이 장치의 명칭과 설치 위치를 쓰시오.

정답 |
- 명칭 : 자기압력기록계
- 설치위치 : 정압기 2차측

06

다음 비파괴 검사법 3가지를 쓰시오.

정답 |
① 방사선 검사
② 초음파 검사
③ 자분탐상 검사

> **비파괴 검사의 종류**
> - 방사선투과법(Radiographic Testing : RT) - 국내에서 약 80[%] 이상 사용하고 있는 검사법으로 용접부와 주조품 등의 대부분의 재료의 내외부 결함을 검출할 때 사용한다. 그러나 방사선 분실과 피폭의 우려가 높다.
> - 초음파탐상법(Ultrasonics Testing : UT) - 초음파로 음향 임피던스가 다른 경계면에서 반사, 굴절하는 현상을 이용하여 대상의 내부에 존재하는 불연속을 탐지하는 기법으로 대형 가스관 검사에 적합하다. 선진국에서 많이 사용한다.
> - 와전류탐상법(Eddy Current Testing : ECT, ET) - 전자 유도에 의해 와전류를 발생하며 시험체 표층부의 결함에 의해 발생한 와전류의 변화를 측정하여 결함을 탐지하는 검사법으로 파이프와 봉, 강판 등 전도체 재료의 표면 또는 표면 근처의 결함검출과 물성측정에 이용된다.
> - 자분탐상법(Magnetic Particles Testing : MT) - 검사대상을 자화시키면 불연속부에 누설자속이 형성되며 이 부위에 자분을 도포하면 자분이 집속되는 검사법으로 강자성체 재료의 표면 및 표면직하 결함검출에 많이 사용된다.
> - 액체침투탐상법(Liquid Penetrants Testing : LT, PT) - 표면으로 열린 결함을 탐지하는 기법으로 침투액이 모세관 현상에 의해 침투하게 한 후 현상액을 적용하여 육안으로 식별하는 기법, 용접부와 단조품 등의 표면개구결함 검출에 적용된다.
>
> 이상 5가지는 대표적인 비파괴 검사법이며 이외에도 육안(내시경)시험(Visual : VT)과 음향방출시험(Acoutic Emission : AE), 핵자기공명(Nuclear Magnetic Resonance : NMR), 열적시험(Thermography), 초단파시험(Microwave) 등의 검사법이 있다.

07

LPG 저장탱크가 설치된 곳의 경계책 높이는 몇 [m] 이상인지 쓰시오.

정답 | 1.5[m] 이상

09

다음 영상에서 ② 배관의 최고사용압력은 몇 [MPa]인가?

정답 | 1[MPa]

① PE관 : 0.4[Mpa] 이하
② PLP관 : 1.0[MPa] 이하

08

아세틸렌 용기를 보고 다음 물음의 빈칸을 채우시오.

① 아세틸렌 용기에는 그 용기의 부속품을 보호하기 위하여 (   )을(를) 부착한다.
② 다공질물은 품질, 충전량 및 (   )을(를) 만족할 것

정답 |
① 프로텍터
② 다공도

10

도시가스 차량용 검사기구의 명칭을 영문약자로 쓰시오.

정답 | FID(수소불꽃 이온화 검출기)

11

다음에서 배관 위에 설치된 것의 명칭과 설치목적을 쓰시오.

정답 |
- 명칭 : 로케팅와이어
- 설치목적 : PE배관의 매설 위치를 지상에서 탐지하기 위하여

12

다음 A, B 배관 부속품 중 부식이 먼저 진행되는 것은 어느 것인가?

정답 | B

금속의 이온화 경향이 클수록 부식이 잘되는데 Fe(철)은 구리보다 이온화 경향이 크다.

실기[동영상] 기출문제 2024 * 3

01

다음 비파괴검사법의 영문 약호를 쓰시오.

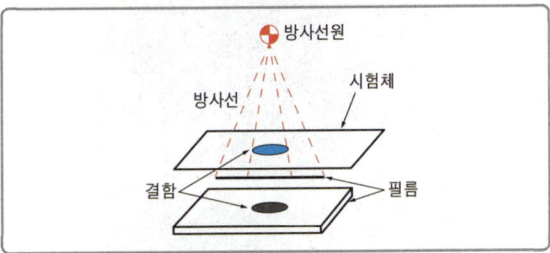

정답 | R.T(Radiographic Testing, 방사선투과시험)

02

용기보관실은 용기보관실에서 누출된 가스가 사무실로 유입되지 않는 구조로 한다. 용기보관실의 면적은 몇 [m²] 이상으로 해야 하는가?

정답 | 19[m²] 이상
(2003. 9. 29 이전에 액화석유가스 판매사업을 허가받은 자 : 12[m²] 이상)

03

다음 가스계량기에 표시된 사항에 대해서 쓰시오.

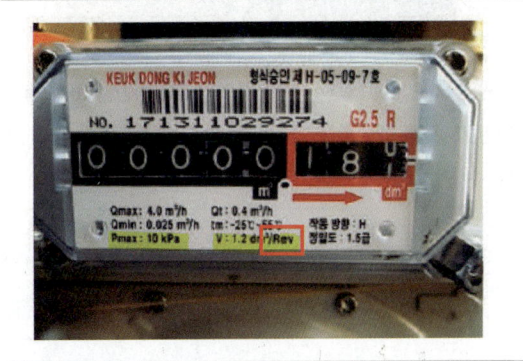

정답 |
① Pmax : 10[kPa](가스계량기 사용 최대 압력이 10[kPa]이다)
② V : 1.2[dm³/Rev](가스계량기의 1주기 체적이 1.2[L]이다)
데시미터[dm]은 미터[m]의 십분의 일에 해당하는 단위이다.
부피의 단위인 1[dm³] = 1[L]이다.

04

도시가스배관의 시설에 관한 내용으로 ( )에 들어갈 알맞은 용어를 쓰시오.

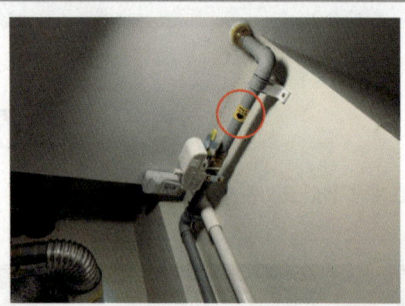

배관의 외부에 ( ), ( ) 및 가스의 흐름방향을 표시한다. 다만, 지하에 매설하는 경우에는 흐름방향을 표시하지 않을 수 있다.

정답 | 사용가스명, 최고사용압력

05

다음 고압가스 충전용기의 제조방법에 따른 명칭을 쓰시오.

정답 | 무계목 용기(이음매 없는 용기)

06

다음에서 지시한 장치의 기능을 쓰시오.

정답 | 이송되는 유체의 역류를 방지한다.

07

다음에 보여지는 설비의 방폭구조 종류 명칭을 쓰시오 (단, 1종시설이다).

정답 | 내압방폭구조

방폭전기기기의 구조 선정 기준(KGS GC201 참고)

방폭구조의 종류 기구의 종류			1종 장소				2종 장소			
			내압	압력	유입	안전증	내압	압력	유입	안전증
회전기	슬립링, 정류자	있는 것	○	○			○	○	○	
	시동용 콘덴서					△				○
	시동용 스위치 등이	없는 것	○	○			○	○	○	
변압기	유입변압기								○	
	건식변압기		○			○			○	○
백열전등	정착등		○			○			○	○
	이동등		△			○				
	형광등		○			○				○
	고압수은등		○			○				○
	전지내장제 전등		○			○				
	표시등류		○			○				○

08

다음과 같이 지하 매설 액화석유가스 저장탱크에 설치하는 것으로 직경을 40A 이상으로 4개소 이상 설치하는 것의 명칭을 쓰시오.

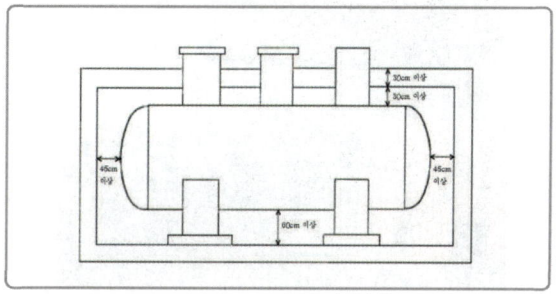

정답 | 검지관

09

다음에서 지시하는 압력계의 형식상 명칭을 쓰시오.

정답 | 탄성식압력계

10

액화석유가스 용기보관실 지붕 재료의 구비조건 2가지를 쓰시오.

정답 | 가벼울 것, 불연성 재료를 사용할 것

11

다음은 정압기실 출입문에 설치된 장치이다. 이 장치의 기능을 쓰시오.

정답 | 출입문 개폐통보장치
정압기실 출입문을 관계자 이외의 사람이 개방시 상황실에 통보하는 기능

12

화면에 보이는 것은 액화산소이다. 다음 물음에 답하시오.

① 공업적 제조방법을 쓰시오.
② 산소의 비등점을 쓰시오.

정답 |
① 공기액화분리
② -183[℃]

실기[동영상] 기출문제 2024 * 4

01

다음 장치에 대한 다음 물음에 답하시오.

가. 장치의 명칭을 쓰시오.
나. 액화석유가스를 이입하기 위하여 설치한 배관에 어떤 밸브를 설치하면 가. 장치를 대신하여 사용할 수 있는 밸브는?

> **정답 |**
> 가. 긴급차단장치
> 나. 역류방지밸브(체크밸브)

02

공기보다 가벼운 도시가스 정압기실을 지하에 설치하는 경우 통풍구조에 대한 다음 물음에 답하시오.

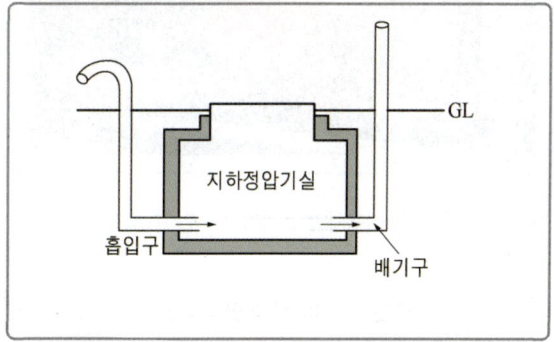

가. 흡입구 및 배기구 관경은 얼마[mm] 이상인가?
나. 지하정압기실에 설치하는 배기구의 지상으로부터 설치 높이 몇 [m]인가?
다. 배기가스 방출관구는 천장면에서 얼마 이내의 높이에[cm] 설치하여야 하는가?

> **정답 |**
> 가. 100[mm] 이상
> 나. 3[m] 이상
> 다. 30[cm] 이내

03

도시가스 정압기실 필터에 관한 내용이다. 다음 ( )에 알맞은 것을 쓰시오.

가. ( )는 필터의 허용차압 초과여부를 알 수 있는 것을 사용한다.
나. 필터 엘리먼트는 ( )[kPa] 미만의 차압에서 찌그러들지 아니하는 것으로 한다.

정답 |
가. 차압계
나. 50[kPa]

04

다음 부속품들의 명칭을 쓰시오.

정답 |
① 이형질이음관 ② 레듀샤 ③ 새들이음관 ④ 캡

05

다음 도시가스 배관과 지지대, U볼트 등의 고정장치 사이에 고무판, 플라스틱 등의 절연물을 삽입하는 이유를 쓰시오.

정답 | 부식방지

06

도시가스배관에서 노란색 띠로 표시하는 이유를 쓰시오.

정답 | 도시가스를 사용하는 배관임을 식별할 수 있도록 하기 위하여

07

다음 가스 배관이 "ㄷ"자 형으로 되어 있는 것의 명칭을 쓰시오.

정답 | 신축흡수장치

08

다음 도시가스 사용시설에 사용되는 가스용품으로, 합계유량 초과 차단, 증가유량 초과 차단, 연소사용시간 차단, 가스누설 감지기 차단 성능을 갖는 기기의 명칭을 쓰시오.

정답 | 다기능가스안전계량기

09

다음 그림에서 표시한 것은 LPG 저장시설 배관에 설치된 안전장치이다. 명칭을 쓰시오.

정답 | 릴리프 밸브

10

가스도매사업의 액화가스저장탱크에서 액상의 가스가 누출된 경우에 그 유출을 방지할 수 있도록 얼마 이상의 용적으로 방류둑을 설치하는가?

정답 | 저장탱크의 저장능력에 상당하는 용적(단, 액화산소는 저장능력 상당용적의 60%)

11

용기에 각인된 기호에 대하여 설명하시오.

가. W :

나. TP :

다. FP :

라. V :

정답 |
가. 질량
나. 내압시험압력
다. 최고충전압력
라. 체적

12

맞대기 융착이음의 3대 공정을 쓰시오.

정답 | 가열용융공정, 압착공정, 냉각공정

가스기능사 실기
무료특강

무료특강 신청방법

▲ 카페 바로가기

1 나합격 카페 가입
cafe.naver.com/napass4

2 사진 촬영
하단 공란에 닉네임 기입

3 카페 게시물 작성
등업 후 영상 시청 가능

카페 닉네임

- 가입한 카페 닉네임과 동일하게 기입
- 지워지지 않는 펜으로 크게 기입
- 화이트 및 수정테이프 사용 금지
- 중복기입 및 중고도서는 등업 불가능

처음이신가요?

자세한
등업방법은
QR 코드 참조

모바일 등업방법

PC 등업방법

나합격 가스기능사 실기 + 무료특강

2024년 5월 1일 초판 발행 | 2024년 5월 7일 초판 발행 | 2025년 2월 5일 2판 발행

지은이 이윤기 | 발행인 오정자 | 발행처 삼원북스 | 팩스 02-6280-2650
등록 제2017-000048호 | 홈페이지 www.samwonbooks.com | ISBN 979-11-93858-47-9 13500 | 정가 27,000원
Copyright©samwonbooks.Co.,Ltd.

- 낙장 및 파손된 책은 구입한 서점에서 바꿔드립니다.
- 이 책에 실린 모든 내용, 디자인, 이미지, 편집 형태에 대한 저작권은 삼원북스와 저자에게 있습니다. 허락없이 복제 및 게재는 법에 저촉을 받습니다.